JN134050

暗号ハードウェアのセキュリティ

Ph.D.　崎山　一男
博士（情報科学）　菅原　健　共著
博士（工学）　李　陽

コロナ社

ま え が き

情報通信ネットワークのオープン化が進む中で，ネットワークセキュリティ，システムセキュリティの確保が最重要課題となっている。情報漏えい対策に対する社会の強いニーズに鑑み，本書で取り扱う内容として，情報・制御システムを含む社会インフラの安全・安心を支えるハードウェアのセキュリティ技術（hardware security）を基礎から解説する。暗号ハードウェア（cryptographic hardware）の物理攻撃（physical attack）や安全性解析を中心に，セキュリティエンジニアに必要となる知識を理論から実践まで網羅する。

スマートフォン（smartphone）やネットワーク家電など，あらゆる情報機器がネットワークに接続され，クラウドサーバ（cloud server）を中心としたさまざまなサービスが展開されている。この結果，新たなビジネス分野が創出され，日常生活における利便性が向上している。

一方で，ネットワーク上に流れる情報漏えいが社会問題となっている。この種の問題のほとんどが，人為的なミスに起因するといっても過言ではない。したがって，情報セキュリティ確保の第一歩は，情報システムを設計・開発・運用する高度技術者が，適切に情報リテラシー（literacy）を身につけることである。設計・開発者は，情報は漏えいするものという観点から，システムの脆弱な部分を見つけ，その部分の強化を図らねばならない。意図的に情報を盗み取ろうとする攻撃者は，システムの最も脆弱な部分（weakest link）を狙ってくるからである。

暗号技術は，情報セキュリティの基盤技術の一つとして経済活動や社会生活に広く浸透してきた。暗号技術が提供する秘匿通信（secure communication）や利用者の認証（authentication）やサービスの真正性（authencity）の保証などは，情報セキュリティを達成するのに欠かせないものである。具体的な応用例としては，暗号電子メールや電子商取引に用いられる SSL（secure socket layer）/TLS（transport layer security），利用者認証や電子マネーに用いられる SIM（subscriber identity module）カード，パーソナルコンピュータ（personal computer, PC）の個体識別やデータの保護などを提供する TPM（trusted platform module），マイクロプロセッサ（microprocessor）にセキュアな領域を確保する TEE（trusted execution environment）などが挙げられる。

情報システムへの暗号技術の導入により，多くのセキュリティ上の問題が回避できていることはいうまでもない。しかしながら，暗号技術を実装した際に生じる新たな問題にも直面している。暗号技術の理論的観点における想定と，物理的観点における現実との間のギャップを巧妙につく，いわゆるサイドチャネル攻撃（side–channel attack）を代表とする物理攻撃の脅威である。

本書の目的は，暗号ハードウェアの安全性に関する基礎知識を身につけることである。学部生，大学院生，セキュリティエンジニア/研究者を対象として，学術的に重要と思われる基礎的な攻撃手法や対策技術を厳選している。本書を読むにあたって，計算機アーキテクチャ，暗号理論，および数論アルゴリズムの基礎知識を前提としている。高度な攻撃が続々と登場する中，情報を守る最後の砦であり，信頼の基点（root of trust）である暗号ハードウェアの重要性は増すばかりである。その基礎を学ぶ本書が，安心・安全な情報社会の一助となれば幸いである。

本書出版にあたっては，多くの方からご協力をいただいた。まず，電気通信大学の授業「ハードウェアセキュリティ」のティーチングアシスタントを担当してくれた中曽根 俊貴さん，松原 有沙さん，町田 卓謙さん，粕谷 桃伽さん，庄司 奈津さんからのフィードバックは非常に役に立った。辰巳 恵里奈さん，羽田野 凌太さんには本書で扱うデータや図の作成に協力いただいた。この場を借りて感謝したい。また，本書出版の労をとってくださったコロナ社に厚くお礼申し上げる。

2019 年 5 月

崎山　一男

目　　　次

1.　暗号技術と暗号ハードウェアへの脅威

2.　共通鍵暗号の実装

3. 公開鍵暗号の実装

4. 暗号モジュールへの脅威と対策

5. サイドチャネル攻撃

6. フォールト攻撃

7. マイクロアーキテクチャへのサイドチャネル攻撃

1 暗号技術と暗号ハードウェアへの脅威

1.1 は じ め に

高度に発達した情報化社会により，私たちの生活は劇的に変わった。多種多用なデータがデジタル情報に変換され，オープンネットワークであるインターネット上に流れるようになった。デジタル情報保護の必要性から，現代の暗号技術は急速に普及し，個人情報の**漏えい**（leakage），他人への**なりすまし**（impersonation），データの**改ざん**（manipulation）といったセキュリティ上の多くの問題を未然に防ぐことに貢献している。

現在，広く利用されている**暗号**（cryptography）技術は，比較的新しい技術である。その基礎となる学術研究が活発となったのは，1970 年代以降である。また，マイクロプロセッサ上のソフトウェアや専用のハードウェアで暗号処理が実装できるようになり，民生品などの分野で暗号技術が普及したのは，1980 年代に入ってからである。AES 暗号として広く知られている，ブロック暗号（2.1.3 項 参照）**ラインダール**（Rijndael）が登場したのは，1990 年代の後半である。

最近では，暗号処理に必要なハードウェア一式をモジュール化し，暗号モジュールとして製品化されることが多い。モジュール実装の形態をとることで，各部品の入出力部にプローブを当てて盗聴を試みるプロービング攻撃（4.1 節 参照）や，ROM の内容を暴くリバースエンジニアリング（reverse engineering）を困難にしている。さらに，モジュール内の暗号アルゴリズムを処理するハードウェアについては，通常，暗号専用の処理回路が用いられ，限られた計算資源（computational resource）で，あらゆる現実の攻撃に耐えうる安全性と，暗号処理によるオーバーヘッドを低減する高速処理を実現している。代表的な暗号モジュールは，**スマートカード**（smartcard）である。スマートカードは，マイクロプロセッサ，ROM，RAM，暗号専用の処理回路といった部品を1チップで実現し，プラスチックカード上に搭載したものである。**RFID**（radio frequency identification）**タグ**や**センサノード**（sensor node）といった，さらに計算資源の乏しいデバイスへの暗号技術の導入が期待されており，暗号モジュールの需要はますます高まるものと考えられる。

理論上，攻撃者は，暗号アルゴリズムにおける中間値を知ることはできない。これは，暗号モジュールが，完全なブラックボックスとして機能することを意味する。しかし，実際の暗号モジュールは，完全なブラックボックスではない。攻撃者は，暗号モジュール実装の不備を突き，物理的にアクセスして攻撃を仕掛けるのである。このように，安全な暗号システムを実現するためには，理論上の安全性だけでなく，実装上の安全性をつねに意識しなければならない。

1.2 暗号技術の概要

情報セキュリティ（information security）技術の目的は，これらの脅威に対し，以下に示す三つの性質を実現することで安全性を保証することにある。

- **秘匿性・機密性**（confidentiality）：　権限のない第三者から情報の内容が隠されていること
- **完全性・整合性・一貫性**（integrity）：　情報が正真であり，改ざんされていないこと
- **可用性**（availability）：　権限がある者はいつでも情報が利用できること

多様化する情報システムにおいて，どのような攻撃から，どのような情報を守りたいのかというセキュリティ要求は，システムごとにさまざまである。要求によって，実装されるセキュリティプロトコルは異なり，必要とされる基本

的な構成要素である**ビルディングブロック**（building block）も異なる。多くのプロトコルで共通に用いられるビルディングブロックは，公開鍵暗号（PKC），共通鍵暗号，暗号学的ハッシュ関数，および乱数生成器（RNG）である。最近では，物理的固有性を暗号鍵の生成や認証に利用する**複製困難関数**（physical unclonable function，**PUF**）も新たなビルディングブロックとして期待されている。こういった基本的な暗号演算を，**暗号プリミティブ**（cryptographic primitive）と呼ぶ。

1.3　ハードウェア実装される代表的な暗号プリミティブ

1.3.1　公開鍵暗号

公開鍵暗号（public–key cryptography，**PKC**，3 章 参照）**方式**では，**暗号化鍵**（encryption key）と**復号鍵**（decryption key）は異なる。事前に鍵を共有することなく，秘匿通信を実現できる点が特徴的である。インターネットのように，鍵を安全に配送することが困難なシステムにおいては，必須の技術である。

暗号アルゴリズムとしては，RSA 暗号と楕円曲線暗号（ECC）が有名である。共通鍵暗号方式では，計算機で容易に処理できる演算を組み合わせることで，少ない計算資源で構成できるように工夫されているが，公開鍵暗号ではそのような工夫が難しい。それは，公開鍵暗号の演算において，例えば 2 048 ビットの剰余乗算といった多倍長整数に対する演算を繰り返し実行する必要があるからである。そのため，共通鍵暗号と比べてより多くの計算資源を必要とする。実装に関する詳細は，3 章で説明する。

1.3.2　共通鍵暗号

共通鍵暗号（symmetric–key cryptography，2 章 参照）**方式**では，暗号化と復号に同じ鍵を用いる。処理が高速であることが最大の利点であり，ワイヤレスルータ向けの高スループットな暗号化や交通系 IC カードに求められる低レイテンシーな認証に適している[†]。ただし，共通鍵暗号方式を実現するためには，送信者と受信者は事前に鍵を共有しておく必要があり，システムによっては鍵の配送や管理が困難となる場合がある。

共通鍵暗号方式は，計算が容易な変換処理を繰り返し適用することで，ソフトウェアやハードウェアにおける高速実装を可能としている。共通鍵暗号として，メッセージを一定の長さのブロック単位ごとに切り出して処理を行うブロック暗号（2.1.3 項 参照）と，ビット単位あるいはバイト単位ごとに処理する**ストリーム暗号**がある。現在，最もよく使われているブロック暗号である AES 暗号については，2 章で詳しく紹介する。

1.3.3　暗号学的ハッシュ関数

暗号学的ハッシュ関数（cryptographic hash function）は，任意長のメッセージから，一定の長さの値（ハッシュ値）を算出するアルゴリズムである。どんな入力メッセージに対しても，ハッシュ値を求めることは容易であるが，所望のハッシュ値となるようなメッセージを見つけることは困難となるように設計される。ハッシュ関数の出力値は，メッセージ全体を要約して得られた代表値であるため，**メッセージダイジェスト**（message digest）とも呼ばれる。

ハッシュ関数は，主にデータの完全性検証に用いられる。例えば，アリスがボブにメッセージを送る際に，送付したメッセージが正しいものかをボブが知りたいとする。このとき，アリスはメッセージ m から，ハッシュ値 $D = H(m)$ を計算し，m と D の両方をボブへ送付する。ボブは，受け取ったメッセージ m からハッシュ値を再計算し，アリスが送ってきたハッシュ値 D と一致するかを検証する。マロリーは，m と同じハッシュ値をもつ異なるメッセージ m' の作成を試みるが，ハッシュ関数の性質により非常に困難である。したがって，ハッシュ値の不一致が確認された場合には，能動的攻撃者マロリーにより m が改ざんされたことを検知できる。

---

† スループットとは単位時間当りの処理データ数を指し，レイテンシーは入力データの処理が終わるまでの時間を指す。

暗号学的ハッシュ関数の特徴として，以下の三つの性質は必須である。

- **原像困難性**（preimage resistance）： ハッシュ値 $H(m)$ が与えられたとき，対応するメッセージ m を見つけることが困難であること
- **第二原像困難性**（second preimage resistance）： メッセージ m_1 が与えられたとき，$H(m_1) = H(m_2)$ を満たす m_2（$\neq m_1$）となるメッセージ m_2 を見つけることが困難であること
- **衝突困難性**（collision resistance）： ハッシュ値が一致するような異なる二つのメッセージを見つけることが困難であること

1.3.4 乱数生成器

通信路を盗聴する攻撃者が使う攻撃手段の一つは，過去に盗聴・録音したメッセージを再送することである。そのような攻撃をリプレイ攻撃（replay attack）と呼ぶ。リプレイ攻撃を防ぐには，通信路を流れるデータが毎回異なっていなくてはならない。そのような目的のために，暗号では乱数が多用される。乱数を発生するハードウェアやソフトウェアを**乱数生成器**（random number generator, **RNG**）と呼ぶ。

シミュレーションなどで用いられる乱数生成アルゴリズム（例えば C 言語の `rand` 関数）は，攻撃者が乱数を予想できてしまうため，暗号に用いることはできない。暗号のための乱数は，過去の乱数を見ても将来の乱数を推測できない，という性質を備える必要がある。そのような乱数を「暗号学的に安全な乱数」と呼ぶ。

熱雑音や量子現象などの自然現象から乱数を取り出すためのハードウェアを**真性乱数生成器**（true random number generator, **TRNG**）と呼ぶ。また，与えられた初期値（シード，seed）から暗号学的に安全な乱数の系列を生成するためのアルゴリズムを**疑似乱数生成器**（pseudo random number generator, **PRNG**）と呼ぶ。低速な TRNG で生成した乱数を，高速な PRNG のシードとして利用するという方法が一般的である。

1.4 暗号アルゴリズムの安全性

公開鍵暗号方式，共通鍵暗号方式のどちらにおいても，鍵の全数探索による**総当たり攻撃**（brute–force attack）により，すべての**鍵候補**（key candidate）を試すことで，平文（ひらぶん）を解読することができる。この方法で解読ができれば，鍵を復元することができ，どんな暗号文でも解読することができる。これを**完全解読**（total break）と呼ぶことがある。しかし，総当たり攻撃に必要な計算量は膨大なため，一般的に実現は困難である。

暗号アルゴリズムの脆弱（ぜいじゃく）性を解析する際には，以下に示す代表的な**攻撃モデル**（attack model）を想定し，安全性を評価する。

- **暗号文単独攻撃**（ciphertext–only attack）：　暗号文のみが与えられたときに，平文を特定する攻撃
- **既知平文攻撃**（known–plaintext attack）：　既知の平文に対応する暗号文が与えられたときに，暗号文から平文あるいは鍵を特定する攻撃
- **選択平文攻撃**（chosen–plaintext attack）：　任意の平文に対応する暗号文が与えられたときに，暗号文から平文あるいは鍵を特定する攻撃
- **選択暗号文攻撃**（chosen–ciphertext attack）：　解読対象ではない任意の暗号文に対応する平文が与えられたときに，暗号文から平文あるいは鍵を特定する攻撃

一般に，攻撃者のアクセス権が強いほど，攻撃者にとって有利な攻撃となる。安全とされる暗号アルゴリズムは，最も強いアクセス権を有する攻撃者でも解読ができないように設計されている。より具体的には，実世界における計算機を用いた攻撃者が，アクセス権を駆使しても解読ができないようになっている。主に，共通鍵暗号方式の安全性解析では，総当たり攻撃よりも効率的な解読法が存在するかを調べる。公開鍵暗号方式の場合は，解読に必要となる問題を，数学の問題の難しさに帰着（reduction）する方法で安全性を証明する。大きな二つの素数の積に対する素因数分解（factorization）は，難しい数学の問題とし

て有名であり，RSA 暗号の安全性の根拠としている。暗号アルゴリズムの安全性は，多くの研究者による安全性評価，つまり攻撃を実施することで担保されている。

1.5 暗号ハードウェアへの脅威

実際に，攻撃者がアクセスできる情報は，暗号モジュールから出力される暗号文だけであり，暗号文単独攻撃と考えるのが自然である。しかしながら，実際の攻撃環境において，攻撃者が暗号モジュールを入手した場合には，攻撃者のアクセスできる情報はどうなるであろうか？暗号モジュールへの入力である平文を何度も変更することができ，さらに，適切な計測器があれば，暗号モジュールから漏えいする電力や電磁波といった物理情報も取得できる。このように，攻撃者が攻撃対象から取得できる情報は，平文と暗号文にかぎらず，物理情報を含めて考えることができる。物理攻撃は，現実的でかつ非常に強力な攻撃として認識されている。一般に，攻撃者の物理的アクセス権は，攻撃者が有する攻撃能力と攻撃対象がもつ攻撃耐性によって決まる。

代表的な物理攻撃に，動作中の暗号モジュールから生じる漏えい情報（消費電力，電磁波放射，処理時間など）を計測することで解読を行うサイドチャネル攻撃や，暗号モジュールに計算誤りを誘発させ，誤った出力から解読を行うフォールト攻撃などがある。いずれも，1990 年代に発表されてから積極的に研究されている。2000 年代に入り，CPU のキャッシュメモリへのアクセスタイミングを用いたキャッシュ攻撃（cache attack）が盛んに研究されるようになった。最近では，CPU の**アウトオブオーダー実行**（out–of–order execution，**OoO 実行**）や投機的実行（speculative execution）を使ったキャッシュ攻撃が報告されている。4 章から 7 章にかけて，詳しく説明する。

引用・参考文献

1) NTT 情報流通プラットフォーム研究所：最新 暗号技術, アスキー (2006)
2) 森山大輔, 西巻　陵, 岡本龍明：公開鍵暗号の数理, 共立出版 (2011)
3) 安田　幹, 佐々木悠：暗号学的ハッシュ関数 —安全神話の崩壊と新たなる挑戦, 電子情報通信学会 基礎・境界ソサイエティ Fundamental Review, Vol.4, No.1, pp.57–67 (2011)

2 共通鍵暗号の実装

本章では，共通鍵暗号方式とその実装について述べる。まず，2.1 節において共通鍵暗号方式の概要を述べる。共通鍵暗号は，大きく分けて，ブロック暗号とストリーム暗号があるが，本書ではブロック暗号を主に扱う。2.2 節では，代表的なブロック暗号である AES[3)†] とその回路実装を述べる。最後に，AES の効率的な実装で重要になる有限体の演算について 2.3 節で説明する。

2.1 共通鍵暗号方式

本節では，共通鍵暗号の基本的な内容を述べる。まず，共通鍵暗号の基本的な利用例として，秘匿通信と認証を 2.1.1 項と 2.1.2 項でそれぞれ述べる。2.1.3 項では，ブロック暗号アルゴリズムの基本的な構造を説明する。その後，ブロック暗号を任意長のメッセージに適用するための手法である暗号利用モードを 2.1.4 項で述べる。

2.1.1 共通鍵暗号を用いた秘匿通信

共通鍵暗号方式による秘匿通信を，**図 2.1** に従い説明する。いま，アリスとボブが通信を行いたいと望んでいる。しかし，通信路には盗聴者イヴがいる。イヴに情報を漏らすことなく通信を行うことが，秘匿通信の目的である。アリスとボブは，事前に**秘密鍵**（secret key）k を共有しているものとする。アリスは，**メッセージ**（message）m を秘密鍵 k で**暗号化**（encryption）して**暗号文**（ciphertext）$c = E_k(m)$ を得る。その後，ボブへ暗号文 c を送る。ボブは，受

† 肩付番号は，章末の引用・参考文献の番号を示す。

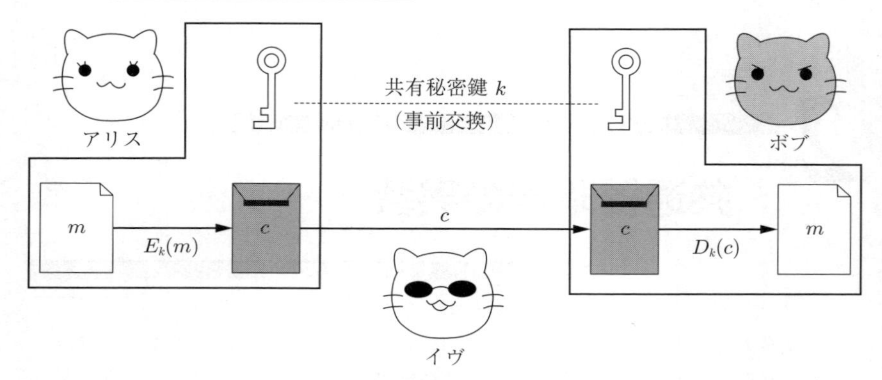

図 **2.1**　共通鍵暗号を用いた秘匿通信

け取った暗号文 c に対して**復号**（decryption）処理を行う。

$$m = D_k(c) = D_k(E_k(m)). \tag{2.1}$$

そうすることで，ボブは元のメッセージ m を得ることができる。盗聴者イヴは，通信路を流れる暗号文 c を入手できる。しかし，秘密鍵 k をもたないため，復号をすることができない。よって，イヴはメッセージを読むことができない。

2.1.2　共通鍵暗号を用いた認証

共通鍵暗号の利用例として，通信相手を認証する**チャレンジ&レスポンス認証**（challenge & response authentication）を説明する。認証の流れを図 **2.2** に示す。アリスとボブは，事前に秘密鍵 k を共有している。アリスは，通信相手がボブであると確認したい。そのためには，通信相手が k をもっているかどうかを確認すればよい。

アリスは，乱数生成器を用いてランダムなメッセージ m を生成し，チャレンジとしてボブへ送付する。ボブは，受け取ったチャレンジ m を鍵 k で暗号化し，レスポンス $c = E_k(m)$ を生成して返送する。アリスは，自分が送ったチャレンジ m を鍵 k で暗号化し，相手のレスポンス c と一致するかを検証する。一致した場合，アリスは，通信相手が k をもつこと，すなわち相手がボブであることが確認できる。攻撃者は，鍵 k をもたないため，認証成功に必要な

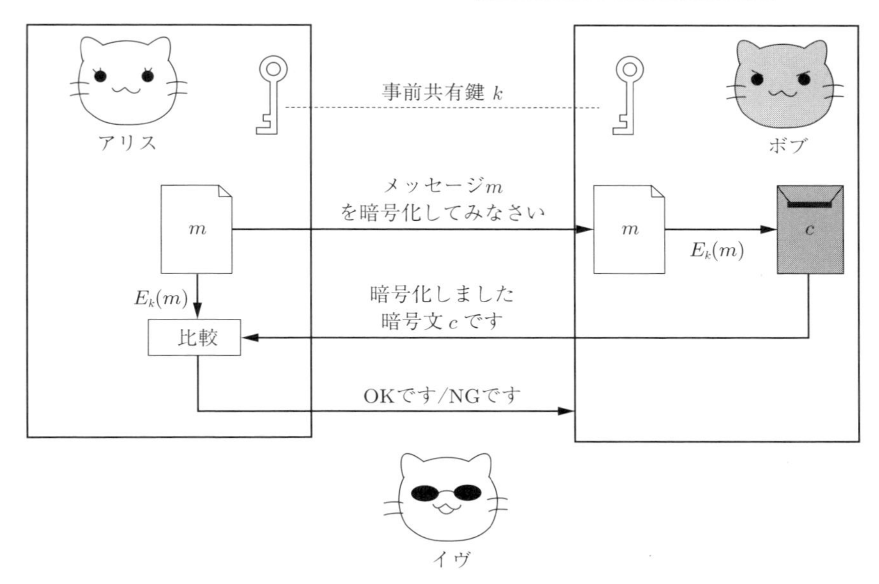

図 **2.2**　チャレンジ&レスポンス認証

レスポンス $c = E_k(m)$ を生成できない。そのため，攻撃者がボブになりすますことはできない。

チャレンジ m は，認証のたびに異なる値でなければならない。もし，同じチャレンジが繰り返されたらなにが起きるだろうか？ 攻撃者は，チャレンジ m と，対応するレスポンス c の組を盗聴し，記録しておく。もし，つぎに同じチャレンジ m が発生したら，記録しておいたレスポンス c を返信することで，認証に成功する。このように，過去の通信を記録して，後から同じデータを再生（リプレイ）する攻撃は，**リプレイ攻撃**と呼ばれる。リプレイ攻撃を避けるためには，チャレンジは毎回異ならなくてはいけない。

2.1.3　ブロック暗号アルゴリズム

ブロック暗号（block cipher）とは，固定長（ブロック長）のメッセージを，同じ長さの暗号文に対応づける変換アルゴリズムである。ブロック暗号は，アルゴリズムの設計・評価技術が成熟している。そのため，インターネットから組込機器に至るまで，あらゆる用途で利用されている。今日利用されるブロック暗号において，ブロック長は 64 ビットか 128 ビットのいずれかであることが多い。

共通鍵暗号では，暗号文を見ても，平文や秘密鍵に関する情報がいっさい漏れないことが理想である。本書では触れないが，そのような達成すべき安全性条件は，数学的に厳密に定義されている。そのような定義に基づき，新しいアルゴリズムや，新しい攻撃法の研究が進められている。

暗号化関数 E_k は，暗号文を見ても平文や鍵の情報がいっさい得られないような，難しい関数であってほしい。しかし，なぜ難しいのか説明できないような，制御不可能な難しさは望むところではない。安全であることを第三者が検証したり，設計者がバックドアをしかけていないことを検証したりするためには，暗号化関数はシンプルでなくてはいけない。

以上の相反する要求を両立するために，**図 2.3** に示す枠組みに基づいてブロック暗号は設計される。単純な処理単位である**ラウンド関数**（round function）f を用意し，それを何度も適用することで，難しさ・複雑さを増強するという枠組みである。その枠組みによって，アルゴリズムの仕様を単純に保つことと，暗号化関数を複雑にすることが両立できる。

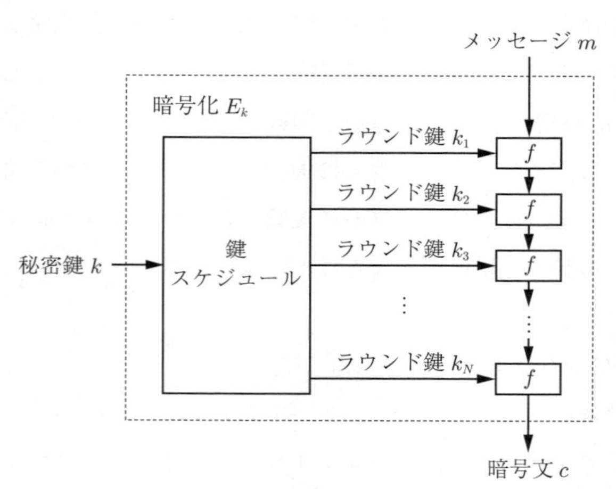

図 2.3　ラウンド関数を処理単位とするブロック暗号

ラウンド f は，非線形演算，線形演算，および鍵加算から構成される。

非線形変換　出力と入力の関係を複雑にすることが必要である。そのために，非線形演算が用いられる。多くの場合，入出力関係を記述した乱数表である S–box を用いる。

線形変換　非線形演算の欠点は，計算コストが高いことである。そこで，効率的に実現できる線形変換も合わせて利用する。局所的な変換には非線形変換を，大局的な変換には線形変換を用いることが一般的である。

鍵加算　秘密鍵を混ぜ込む演算を**鍵加算**と呼ぶ。通常は，XOR 演算により加算を行う。図 2.3 に示すように，元となる秘密鍵 k からラウンド鍵 k_i を生成し，ラウンドごとに鍵加算を行う。秘密鍵からラウンド鍵を生成することを**鍵スケジュール**（key schedule）と呼ぶ。

ブロック暗号には，既知の攻撃法がいくつか存在する。ラウンド関数 f は，それらの攻撃法へ耐性をもつように設計される。また，攻撃への耐性は，ラウンド数を増やすほど向上する。しかし，ラウンド数を増やすと計算コストが上がる。そのため，安全性と性能のバランスを考慮して，最終的なラウンド数が設定される。

2.1.4 暗号利用モード

ブロック暗号は，64 ビットや 128 ビットなど固定長のメッセージブロックを対象として暗号化・復号処理を行う。**暗号利用モード**（modes of operation）は，ブロック暗号アルゴリズムを用いて，任意長のメッセージの暗号化・復号する利用方法を規定する。**図 2.4** に，代表的な暗号利用モードを示す。図中の Enc と Dec は，それぞれブロック暗号の暗号化処理と復号処理である。また，m_i, c_i はそれぞれ i 番目の平文・暗文ブロックである。いくつかのモードでは，**初期ベクトル**（initial vector，**IV**）と呼ばれる追加の入力 IV を利用する。

ECB（electric code book）**モード**　ECB モードは最も基本的なモードであり，128 ビットごとに区切った入力データをブロックごとに独立に暗号化・復号する。ブロックごとの処理が独立していることが，セキュリティ上の問題

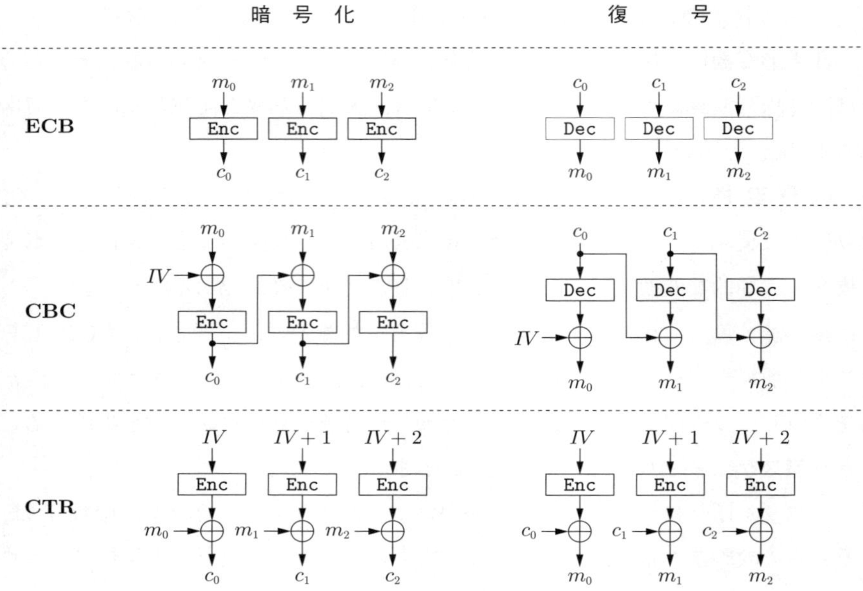

	暗号化	復号
ECB		
CBC		
CTR		

図 **2.4**　代表的な暗号利用モード

となることがある。異なる i と j に対して $m_i = m_j$ だったとしよう。このとき $c_i = c_j$ となる。すなわち，攻撃者は，暗号文を見るだけで $m_i = m_j$ という平文に関する情報を知ることができる。これは，「平文の情報がいっさい漏れない」という理想からは外れてしまっている。

CBC（cipher block chaining）**モード**　CBC モードは，ECB であった問題を防ぐために，ブロック間が独立にならないようにした方式である。図 2.4 に示すように，あるブロックの暗号文をつぎの平文に XOR することで，依存関係をもたせている。

CTR（counter）**モード**　CTR モードは，整数のカウンタ値を暗号化して疑似乱数列を生成し，その乱数列と平文を XOR することで暗号文を得る方式である。XOR される乱数列はブロックごとに異なるため，ECB モードでの問題を解決できる。

暗号利用モードによって実装性能に差が存在する。ECB モードは，ブロック間に依存性がないため，各ブロックを並列処理して高速化することができる。それに対し CBC モードは，ブロック間のデータ依存により，並列処理が不可能である。CTR モードは，ブロック暗号への入力がカウンタ値であるため，ECB モードと同様に並列処理が可能である。それに加え CTR モードでは，メッセージが届く前にカウンタ値の暗号化に着手できる。そのため，メッセージを受信してから暗号文を返送するまでの遅延（**レイテンシー**）を低くできる。

さらに，より高機能な暗号利用モードとして，メッセージの改ざんを検出するためのメッセージ認証機能を付与したモードが存在する。一例としては，前述のカウンタモードに基づく**ガロアカウンタモード**（Galois counter mode，**GCM**）が存在する[4)]。それらは，**認証機能付き暗号**（authenticated encryption）とも呼ばれる。

2.2 AES 暗　　　号

本節では，まず AES のアルゴリズムについて述べる。その後，AES のハードウェア実装について述べる。

2.2.1 AES 暗号のアルゴリズム

AES（advanced encryption standard）**暗号**は，Daemen と Rijmen により提案された 128 ビットブロック暗号である。米国標準技術研究所（NIST）が開催したコンペを勝ち抜き，2000 年に標準アルゴリズムに策定された。それ以来，デファクトスタンダードとして世界中で利用されている。鍵長は 128，192，256 ビットの 3 種類から選ぶことができるが，本書では 128 ビットの場合のみを考える。

AES の暗号化アルゴリズムを**図 2.5** に示す。図 2.3 の枠組みに従っていることに注意されたい。AES では，128 ビットの入力データを，**ステート**（state）と呼ばれる 4×4 行列で表現する。ラウンド関数は，ステートへの操作として定義されている。ラウンド関数は，非線形演算を行う `SubBytes`，線形演算を

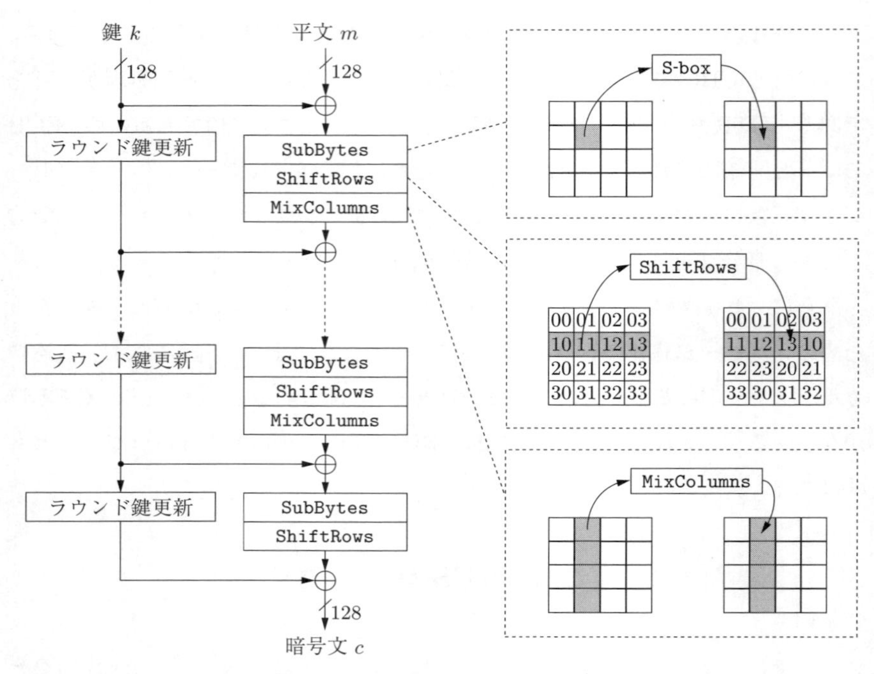

図 2.5　AES の暗号化アルゴリズム

行う ShiftRows と MixColumns，および鍵加算 AddRoundKey から成る。

SubBytes　　SubBytes は，バイトごとに S–box による変換を行う。**S–box** とは 8 ビット入出力の非線形変換テーブルである（**表 2.1**）。8 ビットの入力値に対して，このテーブルを参照すれば，8 ビットの出力を導き出すことができる。例えば，56 に対する S–box の出力は，b1 である。

ShiftRows　　ShiftRows は，ステートを行（row）ごとに循環シフトする処理である。図 2.5 に示すように，行によって，異なる量のシフトを行う。

MixColumns　　MixColumns では，式 (2.2) に示すように，ステートの列（column）方向の 4 バイトに対して定数行列を乗算する。入力の 4 バイトを $x_1, \ldots, x_4$，出力の 4 バイトを $y_1, \ldots, y_4$ と書くと，

表 **2.1** AES 暗号アルゴリズムの S–box テーブル

	x0	x1	x2	x3	x4	x5	x6	x7	x8	x9	xa	xb	xc	xd	xe	xf
0x	63	7c	77	7b	f2	6b	6f	c5	30	01	67	2b	fe	d7	ab	76
1x	ca	82	c9	7d	fa	59	47	f0	ad	d4	a2	af	9c	a4	72	c0
2x	b7	fd	93	26	36	3f	f7	cc	34	a5	e5	f1	71	d8	31	15
3x	04	c7	23	c3	18	96	05	9a	07	12	80	e2	eb	27	b2	75
4x	09	83	2c	1a	1b	6e	5a	a0	52	3b	d6	b3	29	e3	2f	84
5x	53	d1	00	ed	20	fc	b1	5b	6a	cb	be	39	4a	4c	58	cf
6x	d0	ef	aa	fb	43	4d	33	85	45	f9	02	7f	50	3c	9f	a8
7x	51	a3	40	8f	92	9d	38	f5	bc	b6	da	21	10	ff	f3	d2
8x	cd	0c	13	ec	5f	97	44	17	c4	a7	7e	3d	64	5d	19	73
9x	60	81	4f	dc	22	2a	90	88	46	ee	b8	14	de	5e	0b	db
ax	e0	32	3a	0a	49	06	24	5c	c2	d3	ac	62	91	95	e4	79
bx	e7	c8	37	6d	8d	d5	4e	a9	6c	56	f4	ea	65	7a	ae	08
cx	ba	78	25	2e	1c	a6	b4	c6	e8	dd	74	1f	4b	bd	8b	8a
dx	70	3e	b5	66	48	03	f6	0e	61	35	57	b9	86	c1	1d	9e
ex	e1	f8	98	11	69	d9	8e	94	9b	1e	87	e9	ce	55	28	df
fx	8c	a1	89	0d	bf	e6	42	68	41	99	2d	0f	b0	54	bb	16

$$\begin{bmatrix} y_1 \\ y_2 \\ y_3 \\ y_4 \end{bmatrix} = \begin{bmatrix} \mathsf{02} & \mathsf{03} & \mathsf{01} & \mathsf{01} \\ \mathsf{01} & \mathsf{02} & \mathsf{03} & \mathsf{01} \\ \mathsf{01} & \mathsf{01} & \mathsf{02} & \mathsf{03} \\ \mathsf{03} & \mathsf{01} & \mathsf{01} & \mathsf{02} \end{bmatrix} \begin{bmatrix} x_1 \\ x_2 \\ x_3 \\ x_4 \end{bmatrix} \tag{2.2}$$

となる。ただし，各バイトは有限体 $\mathrm{GF}(2^8)$ の元として計算をする。有限体の演算は 2.3 節で詳しく説明する。なお，図 2.5 に示すように，最後のラウンドには `MixColumns` が存在しない。

例 1. 入力の 4 バイトを $x_1 = \mathsf{d4}$, $x_2 = \mathsf{bf}$, $x_3 = \mathsf{5d}$, $x_4 = \mathsf{30}$ とする。このとき，`MixColumns` の 1 バイト目の出力 y_1 はつぎのように得られる。

$$\begin{aligned} y_1 &= \mathsf{02} \times x_1 + \mathsf{03} \times x_2 + \mathsf{01} \times x_3 + \mathsf{01} \times x_4 \\ &= \mathsf{b3} + \mathsf{da} + \mathsf{5d} + \mathsf{30} \\ &= \mathsf{04}. \end{aligned} \tag{2.3}$$

(例終)

AddRoundKey　AddRoundKey では，鍵スケジュールにより生成されたラウンド鍵を，ビット単位の XOR 演算により加算する。

鍵スケジュール　前述のとおり，秘密鍵からラウンド鍵を生成する処理を鍵スケジュールと呼ぶ。AES の鍵スケジュールは，逐次的に計算できるようになっている。すなわち，i ラウンド目のラウンド鍵 k_i に更新関数を適用することで，$i+1$ ラウンド目のラウンド鍵 k_{i+1} が求められるようにつくられている。

復　号　復号の際には，以上の処理を逆方向に行う。そのために，SubBytes, ShiftRows, MixColumns の逆関数である InvSubBytes, InvShiftRows，InvMixColumns を用いる。

2.2.2 AES のハードウェア実装

暗号にかぎらず，ハードウェア実装では，対象アルゴリズムを構成する演算の一部を**組合せ回路**（combinatorial logic）として実現し，それを繰り返し利用することが一般的である。そのような方式を**ループアーキテクチャ**（loop architecture）と呼ぶ。ループアーキテクチャにより，回路面積を小型化することができる。ブロック暗号では，ラウンド関数を繰り返し適用することで暗号化を行う。そのため，ブロック関数 1 ラウンド分を組合せ回路としてもつ実装が最も基本的である。

図 2.6 に，AES 暗号化回路を実装したデータパスの例を示す。図の左半分が，ラウンド関数を計算するための回路ブロックである。ShiftRows，SubBytes，MixColumns は，対応する基本演算を組合せ回路で実現したものである。図 2.6 の右半分は，鍵スケジュールを行うための回路ブロックである。i ラウンドの鍵 k_i から，つぎのラウンド鍵 k_{i+1} を求めるための更新関数を組合せ回路で実現している。この回路では，ラウンド関数 1 ラウンドの計算と，つぎのラウンドで使うラウンド鍵の生成が並列で行われる。そのように，その場でラウンド鍵を生成する方法を**オンザフライ実装**（on–the–fly implementation）と呼ぶ。オンザフライ実装を用いると，ラウンド鍵を保存しておくためのメモリやレジスタを節約することができる。

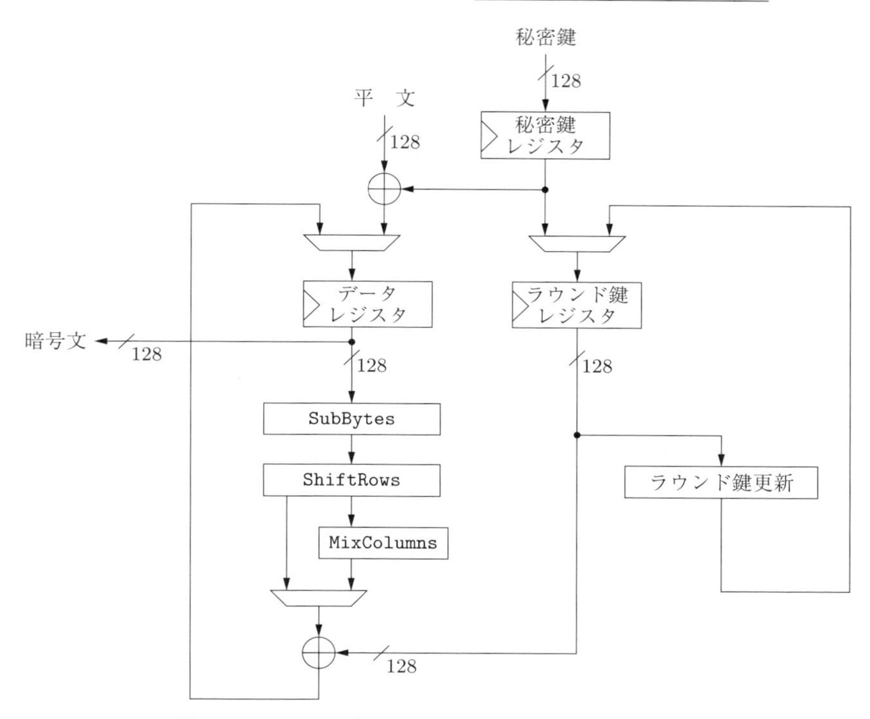

図 **2.6**　AES ハードウェアのデータパスアーキテクチャ

2.3　有 限 体 の 演 算

本節では，AES の演算で利用される有限体の詳細について述べる。2.3.1 項では，基本となる有限体 GF(2) を述べる。つづく 2.3.2 項では，有限体 GF(2) を基に構成した拡大体 GF(2^8) について述べる。さらに 2.3.3 項では，再帰的に拡大した合成体 GF($((2^2)^2)^2$) と，合成体に基づく逆元演算について述べる。最後の 2.3.4 項では，正規基底を用いて合成体の演算をさらに効率化する方法について述べる。

2.3.1 有限体 GF(2)

有限体（Galois field）GF(2) とは，集合 $\{0, 1\}$ の元に対して，加算と乗算を定義したものである。$a, b \in \mathrm{GF}(2)$ のとき，加算 $\oplus$ と乗算 $\otimes$ はつぎのように定義される。

$$a \oplus b = (a + b) \mod 2, \tag{2.4}$$

$$a \otimes b = a \times b \mod 2 = a \wedge b. \tag{2.5}$$

加算・乗算の演算表を**表 2.2** に示す。表からわかるように，加算は XOR（排他的論理和），乗算は AND（論理積）に対応する[†1]。

表 2.2　GF(2) の演算表

a	b	$a \oplus b$	$a \otimes b$
0	0	0	0
0	1	1	0
1	0	1	0
1	1	0	1

2.3.2 拡大体 GF(2^8)

GF(2) は，1 ビットの演算に対応する。一方，コンピュータは 32 ビットや 64 ビットのワード単位で演算を行う。そのため，GF(2) を多ビットに拡張したいと望むのは自然である。しかし，単に 2^{32} や 2^{64} を法とする演算を考えても[†2]，それらは有限体にはならない。そこで，有限体 GF(2) を係数とする多項式を考えて体を拡大する。そのようにして得られた有限体を**拡大体**（extension field）と呼ぶ。

---

†1　以降，本書では GF(2) の加算として $\oplus$ を，乗算として $\wedge$ を使用する。ここですでに説明しているように，加算 $\oplus$ は XOR（排他的論理和）演算に相当し，乗算 $\otimes$ は AND（論理積）演算に相当する。これらと併せて，OR（論理和）演算として $\vee$ を，AND（論理積）演算として $\wedge$ を使用する。式 (2.5) からもわかるように，$\otimes$ と $\wedge$ は同じ意味である。なお，mod はいうまでもなく，その前の数をその後の数（ここでは 2）で割った剰余である。

†2　「〜を法とする演算」とは，「〜で割った剰余」の意味で，すぐ前にあった mod 演算のことである。

数値と元の対応　GF(2^8) では，1 バイト（＝8 ビット）の値と，GF(2) の元を係数とする次数 8 未満の多項式を同一視する。すなわち，2 進数表現した 8 ビット値 $(a_7a_6a_5a_4a_3a_2a_1a_0)_2$ と，多項式

$$a(X) = a_7X^7 + a_6X^6 + a_5X^5 + a_4X^4 + a_3X^3 + a_2X^2 + a_1X + a_0$$

を同一視するのである。バイト値と多項式の対応を**表 2.3** に示す。

表 2.3　GF(2^8) の元の対応表

多　項　式	2 進数表現 $(a_7a_6a_5a_4a_3a_2a_1a_0)_2$	16 進
0	$(00000000)_2$	00
1	$(00000001)_2$	01
X	$(00000010)_2$	02
$X+1$	$(00000011)_2$	03
X^2	$(00000100)_2$	04
X^2+1	$(00000101)_2$	05
X^2+X	$(00000110)_2$	06
⋮	⋮	⋮
$X^7+X^6+X^5+X^4+X^3+X^2+X$	$(11111110)_2$	FE
$X^7+X^6+X^5+X^4+X^3+X^2+X+1$	$(11111111)_2$	FF

演習問題 1.　つぎの 16 進数を多項式に変換せよ。

1. 2b
2. 7e
3. ab

(問終)

演習問題 2.　つぎの多項式を 16 進数に変換せよ。

1. $X+1$
2. $X^6+X^4+X^2$
3. $X^7+X^6+X^5+X^4+X^3+X^2+X+1$

(問終)

拡大体 GF($\mathbf{2^8}$) の加算　いま，$a(X), b(X) \in \mathrm{GF}(2^8)$ とする。このとき，$a_0, \ldots, a_7 \in \mathrm{GF}(2)$ および $b_0, \ldots, b_7 \in \mathrm{GF}(2)$ が存在して

$$a(X) = a_7X^7 + a_6X^6 + a_5X^5 + a_4X^4 + a_3X^3 + a_2X^2 + a_1X + a_0$$

$$b(X) = b_7X^7 + b_6X^6 + b_5X^5 + b_4X^4 + b_3X^3 + b_2X^2 + b_1X + b_0,$$

と書ける。拡大体 GF(2^8) の元同士の加算は，つぎのように，係数同士の GF(2) の加算を行えばよい。

$$a(X) + b(X) = (a_7 \oplus b_7)X^7 + (a_6 \oplus b_6)X^6 + (a_5 \oplus b_5)X^5 + (a_4 \oplus b_4)X^4 + (a_3 \oplus b_3)X^3 + (a_2 \oplus b_2)X^2 + (a_1 \oplus b_1)X + (a_0 \oplus b_0).$$

例 2.　加算 $\mathtt{03} + \mathtt{09}$ を考える。

$$\mathtt{03} = (00000011)_2 = X + 1, \qquad \mathtt{09} = (00001001)_2 = X^3 + 1,$$

である。よって，

$$\mathtt{03} + \mathtt{09} = X^3 + X + 2 = X^3 + X = (00001010)_2 = \mathtt{0A}, \tag{2.6}$$

となる。あるいは単純に，ビットごとに XOR を計算すればよい。

$$(00000011)_2 + (00001001)_2 = (00001010)_2 = \mathtt{0A}.$$

(例終)

演習問題 3.　つぎの計算をせよ。

1. $\mathtt{10} + \mathtt{01}$
2. $\mathtt{03} + \mathtt{05}$
3. $\mathtt{ab} + \mathtt{87}$

(問終)

拡大体 GF($\mathbf{2^8}$) の乗算　GF(2^8) の乗算は，多項式の乗算として考えてよい。しかし，多項式 $p(x)$ による剰余演算（簡約）を行い，

$$a(X) \times b(X) \mod p(X), \tag{2.7}$$

とする必要がある。この演算を**簡約**，あるいは**リダクション**と呼ぶ。多項式 $p(X)$ を**既約多項式**（irreducible polynomial）と呼ぶ。AES の既約多項式は $p(X) = X^8 + X^4 + X^3 + X + 1$ である。

既約多項式 $p(X)$ は，GF(2) の法 2 に対応するものであり，0 と同一視する。

$$p(X) = X^8 + X^4 + X^3 + X + 1 = 0.$$

すなわち，

$$X^8 = X^4 + X^3 + X + 1, \tag{2.8}$$

である。剰余演算には，式 (2.8) の関係を利用できる。すなわち，多項式乗算をまず行い，次数が 8 以上の項を，式 (2.8) により低次の項に置き換えていくことで，剰余を求めることができる。

例 3.　乗算 $\mathsf{03} \times \mathsf{03}$ を考える。$\mathsf{03} = X + 1$ である（演習問題 2. を参照）。よって，

$$\begin{aligned}\mathsf{03} \times \mathsf{03} &= (X+1)(X+1)\\ &= X^2 + 2X + 1\\ &= X^2 + 1\\ &= (00000101)_2 = \mathsf{05}.\end{aligned}$$

（例終）

例 4.　乗算 $\mathsf{80} \times \mathsf{02}$ を考える。各元の多項式としての表現は以下のとおりである。

$$\mathsf{80} = (10000000)_2 = X^7, \qquad \mathsf{02} = (00000010)_2 = X.$$

よって，乗算はつぎのように計算できる。

$$\mathsf{80} \times \mathsf{02} = X^7 \times X = X^8$$

$$= X^4 + X^3 + X + 1 \qquad (\because \quad X^8 = X^4 + X^3 + X + 1)$$
$$= (00011011)_2 = \texttt{1B}.$$

(例終)

演習問題 4.　以下の計算をせよ。

1. 80 × 01
2. 03 × 05
3. ab × 02

(問終)

例 5.　式 (2.2) に示す MixColumns では，定数乗算 ×02 と ×03 が用いられる。以下では，×02 について考える。

$\mathrm{GF}(2^8)$ の元

$$a(X) = a_7X^7 + a_6X^6 + a_5X^5 + a_4X^4 + a_3X^3 + a_2X^2 + a_1X + a_0,$$
$$b(X) = b_7X^7 + b_6X^6 + b_5X^5 + b_4X^4 + b_3X^3 + b_2X^2 + b_1X + b_0,$$

に対し，$b(X) = a(X) \times \texttt{02} = a(X) \times X$ とする。$b(X)$ は，つぎのように計算できる。

$$b(X) = (a_7X^7 + a_6X^6 + a_5X^5 + a_4X^4 + a_3X^3 + a_2X^2 + a_1X + a_0) \times X$$
$$= a_7X^8 + a_6X^7 + a_5X^6 + a_4X^5 + a_3X^4 + a_2X^3 + a_1X^2 + a_0X$$
$$= a_6X^7 + a_5X^6 + a_4X^5 + (a_3 + a_7)X^4$$
$$+ (a_2 + a_7)X^3 + a_1X^2 + (a_0 + a_7)X + a_7.$$
$$(\because \quad X^8 = X^4 + X^3 + X + 1)$$

係数比較をすることで，a_i と b_i の関係をつぎのように得る。

$$b_7 = a_6,$$
$$b_6 = a_5,$$

$$b_5 = a_4,$$

$$b_4 = a_3 \oplus a_7,$$

$$b_3 = a_2 \oplus a_7,$$

$$b_2 = a_1,$$

$$b_1 = a_0 \oplus a_7,$$

$$b_0 = a_7.$$

さらに，a_i と b_i の関係を行列演算として表現すればつぎのようになる。

$$\begin{bmatrix} b_7 \\ b_6 \\ b_5 \\ b_4 \\ b_3 \\ b_2 \\ b_1 \\ b_0 \end{bmatrix} = \begin{bmatrix} 0 & 1 & 0 & 0 & 0 & 0 & 0 & 0 \\ 0 & 0 & 1 & 0 & 0 & 0 & 0 & 0 \\ 0 & 0 & 0 & 1 & 0 & 0 & 0 & 0 \\ 1 & 0 & 0 & 0 & 1 & 0 & 0 & 0 \\ 1 & 0 & 0 & 0 & 0 & 1 & 0 & 0 \\ 0 & 0 & 0 & 0 & 0 & 0 & 1 & 0 \\ 1 & 0 & 0 & 0 & 0 & 0 & 0 & 1 \\ 1 & 0 & 0 & 0 & 0 & 0 & 0 & 0 \end{bmatrix} \begin{bmatrix} a_7 \\ a_6 \\ a_5 \\ a_4 \\ a_3 \\ a_2 \\ a_1 \\ a_0 \end{bmatrix}. \tag{2.9}$$

(例終)

演習問題 5. `MixColumns` で用いられる $\times 3$ を，式 (2.9) と同様に行列で表現せよ。 (問終)

2.3.3 合成体を用いた S–box 実装

S–box は，非線形の変換テーブルであり，ブロック暗号の安全性にとって重要な構成要素である。また，ハードウェア実装の性能においても，S–box の実装手法が，速度・回路面積の両面に大きな影響を与える。そのため，これまで，実装方式について多くの研究がなされている[5),6)]。

2.2 節において，S–box を入出力関係を示した乱数表であると説明した。AES の S–box は，有限体 GF(2^8) 上の逆元演算とアファイン変換を組み合わせて定義される。そのため，S–box を表引きではなく演算器として実現できる。有限体の数学的な性質を用いて，$GF(2^8)$ 上の逆元演算を効率的に計算できれば，S–box も効率的に実装できる。

AES は，既約多項式 $p(X) = X^8 + X^4 + X^3 + X + 1$ による拡大体 $GF(2^8)$ を用いると述べた。8 という数字は，既約多項式の次数に対応している。もし，次数 2 の既約多項式を用いれば，$GF(2^2)$ を構成することもできる。さらに，拡大は再帰的に行うことができる。そうすることで，$GF((2^2)^2)$ と $GF(((2^2)^2)^2)$ をつくることができる。

$$GF(2) \xrightarrow{\text{拡大}} GF(2^2) \xrightarrow{\text{拡大}} GF((2^2)^2) \xrightarrow{\text{拡大}} GF(((2^2)^2)^2).$$

このように，再帰的に拡大して得た有限体を**合成体**（composite field）と呼ぶ。

いま，$GF(((2^2)^2)^2)$ は 256 個の元をもつことに注意されたい（$((2^2)^2)^2 = 2^8$）。すなわち，$GF(((2^2)^2)^2)$ と $GF(2^8)$ は，同じ数の元をもつ。元の数を**位数**（order）と呼び，位数が同じ有限体は**同型**であることが知られている。すなわち，$GF(2^8)$ の元と $GF(((2^2)^2)^2)$ の元を 1 対 1 に対応させる写像 ϕ（**体同型写像**）が存在する。

以上の関係を用いると，逆元演算を $GF(((2^2)^2)^2)$ で行うことができる。その関係を**図 2.7** に示す。まず，入力となる元 $a \in GF(2^8)$ を，写像 ϕ を用いて，

$$\overline{a} = \phi(a) \in GF(((2^2)^2)^2),$$

にマップする。その後，$GF(((2^2)^2)^2)$ で逆元演算を行い，$(\overline{a})^{-1}$ を求める。最後に，逆写像 ϕ^{-1} を用いて，

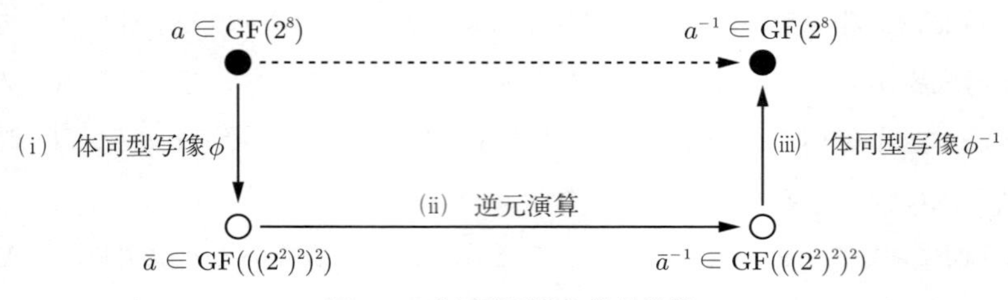

図 2.7　体同型写像と逆元演算

$$\phi^{-1}(\overline{a}^{-1}) = a^{-1} \in \mathrm{GF}(2^8), \tag{2.10}$$

を得る。結局同じ計算をするのに，あえて遠回りして $\mathrm{GF}(((2^2)^2)^2)$ で逆元を計算するのは，$\mathrm{GF}(((2^2)^2)^2)$ のほうが逆元を効率的に実装できるためである。

例 6.　既約多項式 $t(W) = W^2 + W + 1$ により拡大した拡大体 $\mathrm{GF}(2^2)$ を考える。$a', b', c' \in \mathrm{GF}(2^2)$ のとき，$a_1, a_0, b_1, b_0, c_1, c_0 \in \mathrm{GF}(2)$ を用いて

$$a' = a_1W + a_0, \qquad b' = b_1W + b_0, \qquad c' = c_1W + c_0,$$

と書ける。$c' = a'b'$ † とする。a' と b' の積はつぎのように計算できる。

$$\begin{aligned}
c' &= a'b' \\
&= (a_1W + a_0)(b_1W + b_0) \\
&= (a_1 \wedge b_1)W^2 + \{(a_1 \wedge b_0) \oplus (a_0 \wedge b_1)\}W + (a_0 \wedge b_0) \\
&= (a_1 \wedge b_1)(W + 1) + \{(a_1 \wedge b_0) \oplus (a_0 \wedge b_1)\}W + (a_0 \wedge b_0) \\
&\qquad\qquad (\because \quad W^2 = W + 1) \\
&= \{(a_1 \wedge b_1) \oplus (a_1 \wedge b_0) \oplus (a_0 \wedge b_1)\}W + \{(a_1 \wedge b_1) \oplus (a_0 \wedge b_0)\}.
\end{aligned} \tag{2.11}$$

$c' = c_1W + c_0$ であることに注意して係数比較をすると，つぎの関係が得られる。

$$\begin{aligned}
c_1 &= (a_1 \wedge b_1) \oplus (a_1 \wedge b_0) \oplus (a_0 \wedge b_1) \\
c_0 &= (a_0 \wedge b_0) \oplus (a_1 \wedge b_1).
\end{aligned}$$

すなわち，$\mathrm{GF}(2^2)$ での乗算は，係数ごとに $\mathrm{GF}(2)$ の演算を行うことで求められる。式 (2.11) を用いれば，$\mathrm{GF}(2^2)$ のあらゆる元の乗算を計算することができる。乗算の演算表を**表 2.4** に示す。

(例終)

† ここでは，$a' \times b'$ とするところを $a'b'$ と略記している。以降，このような表記の箇所が多く出てくる。

表 **2.4**　GF(2^2) の乗算の演算表

$(a_1a_0)_2$	a'	$(b_1b_0)_2$	b'	$(c_1c_0)_2$	c'
$(00)_2$	0	$(00)_2$	0	$(00)_2$	0
$(00)_2$	0	$(01)_2$	1	$(00)_2$	0
$(00)_2$	0	$(10)_2$	W	$(00)_2$	0
$(00)_2$	0	$(11)_2$	$W+1$	$(00)_2$	0
$(01)_2$	1	$(00)_2$	0	$(00)_2$	0
$(01)_2$	1	$(01)_2$	1	$(01)_2$	1
$(01)_2$	1	$(10)_2$	W	$(10)_2$	W
$(01)_2$	1	$(11)_2$	$W+1$	$(11)_2$	$W+1$
$(10)_2$	W	$(00)_2$	0	$(00)_2$	0
$(10)_2$	W	$(01)_2$	1	$(01)_2$	W
$(10)_2$	W	$(10)_2$	W	$(10)_2$	$W+1$
$(10)_2$	W	$(11)_2$	$W+1$	$(01)_2$	1
$(11)_2$	$W+1$	$(00)_2$	0	$(00)_2$	0
$(11)_2$	$W+1$	$(01)_2$	1	$(01)_2$	$W+1$
$(11)_2$	$W+1$	$(10)_2$	W	$(01)_2$	1
$(11)_2$	$W+1$	$(11)_2$	$W+1$	$(10)_2$	W

例 7.　GF(2^2) の逆元について考える。$a' \in \mathrm{GF}(2^2)$ とする。このとき，$a_1, a_0 \in \mathrm{GF}(2)$ が存在して $a' = a_1W + c_0$ となる。a' の逆元 $(a')^{-1}$ は，つぎのように得られる。

$$(a')^{-1} = a_1W + (a_1 \oplus a_0). \tag{2.12}$$

(例終)

演習問題 6.　$a' \neq 0$ のとき $a'(a')^{-1} = 1$ を示すことで，式 (2.12) が，逆元を与えることを証明せよ。　(問終)

例 8.　先の例で定義した拡大体 GF(2^2) をさらに拡大して，合成体 GF($(2^2)^2$) を構成することを考える。いま，GF(2^2) の拡大に用いる既約多項式を $t(W) = W^2 + W + 1$，GF($(2^2)^2$) の拡大に用いる既約多項式を $s(Z) = Z^2 + Z + W$ とする。

いま，$a'', b'', c'' \in \mathrm{GF}((2^2)^2)$ とする。このとき，$a'_1, a'_0, b'_1, b'_0, c'_1, c'_0 \in \mathrm{GF}(2^2)$ が存在して

$$a'' = a'_1 Z + a'_0, \qquad b'' = b'_1 Z + b'_0, \qquad c'' = c'_1 Z + c'_0,$$

である。$c'' = a''b''$ とする。a'' と b'' の積 c'' はつぎのように計算できる。

$$\begin{aligned} c'' &= a''b'' \\ &= (a'_1 Z + a'_0)(b'_1 Z + b'_0) \\ &= a'_1 b'_1 Z^2 + (a'_1 b'_0 + a'_0 b'_1) Z + a'_0 b'_0 \\ &= a'_1 b'_1 (Z + W) + (a'_1 b'_0 + a'_0 b'_1) Z + a'_0 b'_0 \qquad (\because \quad Z^2 = Z + W) \\ &= (a'_1 b'_1 + a'_1 b'_0 + a'_0 b'_1) Z + a'_1 b'_1 + a'_0 b'_0 W. \end{aligned} \tag{2.13}$$

$c'' = c'_1 W + c'_0$ と係数比較をするとつぎのようになる。

$$\begin{aligned} c'_1 &= a'_1 b'_1 + a'_1 b'_0 + a'_0 b'_1, \\ c'_0 &= a'_0 b'_0 + a'_1 b'_1 W. \end{aligned} \tag{2.14}$$

すなわち，$\mathrm{GF}((2^2)^2)$ の乗算は，係数ごとに $\mathrm{GF}(2^2)$ の演算を行うことで求められる。式 (2.11) と式 (2.13) の類似性に着目されたい。両者は，既約多項式が異なるのみである。同様にして，再帰的に拡大を行うことができる。

最後に，$\mathrm{GF}((2^2)^2)$ の元と，$\mathrm{GF}(2)$ の元の関係を考える。$\mathrm{GF}(2^2)$ の元はつぎのように書ける。

$$\begin{aligned} a'_1 &= a_{11} W + a_{10}, \qquad a'_0 = a_{01} W + a_{00}, \\ b'_1 &= b_{11} W + b_{10}, \qquad b'_0 = b_{01} W + b_{00}, \\ c'_1 &= c_{11} W + c_{10}, \qquad c'_0 = c_{01} W + c_{00}. \end{aligned}$$

ただし，a_{ij}, b_{ij}, c_{ij} はいずれも $\mathrm{GF}(2)$ の元である。以上を式 (2.14) に代入して係数比較してつぎを得る。

$$\begin{aligned} c_{11} &= (a_{11} \oplus a_{10} \oplus a_{01}) \wedge (b_{01} \oplus b_{10} \oplus b_{00}), \\ c_{10} &= (a_{11} \wedge b_{11}) \oplus (a_{11} \wedge b_{01}) \oplus (a_{10} \wedge b_{10}) \end{aligned}$$

$$
\begin{aligned}
&\oplus (a_{10} \wedge b_{00}) \oplus (a_{01} \wedge b_{11}) \oplus (a_{00} \wedge b_{10}), \\
c_{01} &= (a_{11} \wedge b_{10}) \oplus (a_{10} \wedge b_{11}) \oplus (a_{10} \wedge b_{10}) \\
&\oplus (a_{01} \wedge b_{01}) \oplus (a_{01} \wedge b_{00}) \oplus (a_{00} \wedge b_{01}), \\
c_{00} &= (a_{11} \wedge b_{11}) \oplus (a_{11} \wedge b_{10}) \oplus (a_{10} \wedge b_{11}) \\
&\oplus (a_{01} \wedge b_{01}) \oplus (a_{00} \wedge b_{00}).
\end{aligned}
$$

すなわち，$\mathrm{GF}((2^2)^2)$ での乗算は，係数ごとに，$\mathrm{GF}(2)$ の演算で求めることもできる。　(例終)

例 9.　$a'' \in \mathrm{GF}((2^2)^2)$ のとき，$a'_1, a'_0 \in \mathrm{GF}(2^2)$ が存在して $a'' = a'_1 Z + a'_0$ である。a'' の逆元 $(a'')^{-1}$ は，つぎのようになる。

$$
\begin{aligned}
(a'')^{-1} &= (a'_1 Z + a'_0)^{-1} \\
&= a'_1 \theta^{-1} Z + (a'_0 + a'_1)\theta^{-1}. \qquad (2.15)
\end{aligned}
$$

ただし，$\theta \in \mathrm{GF}(2^2)$ は次式で与えられる。

$$
\theta = (a'_1)^2 W + a'_0(a'_1 + a'_0). \qquad (2.16)
$$

θ^{-1} は，式 (2.12) で求めることができる。　(例終)

演習問題 7.　$a'' \times (a'')^{-1} = 1$ となることを確認することで，式 (2.15) が，逆元を与えることを証明せよ。　(問終)

例 10.　式 (2.15) に基づき $\mathrm{GF}((2^2)^2)$ の逆元を計算する回路を図 **2.8** に示す。図の前半部は，式 (2.16) の θ を計算する部分である。`Sq.Sc.` と書かれている回路ブロックは，2 乗と定数倍を行い $(a'_1)^2 W$ を得る。一方，`Mult.` と書かれた回路ブロックでは $a'_0(a'_1 + a'_0)$ を計算する。図 2.8 の中間部にある `Inverse` ブロックでは，式 (2.12) に従い $\mathrm{GF}(2^2)$ の逆元を計算し，θ^{-1} を得る。図の後半部には再び `Mult.` があり，式 (2.15) に現れる係数：$a'_1\theta^{-1}$ と $(a'_0 + a'_1)\theta^{-1}$ を計算する。以上より，式 (2.15) に従って $\mathrm{GF}((2^2)^2)$ の逆元が計算できる。

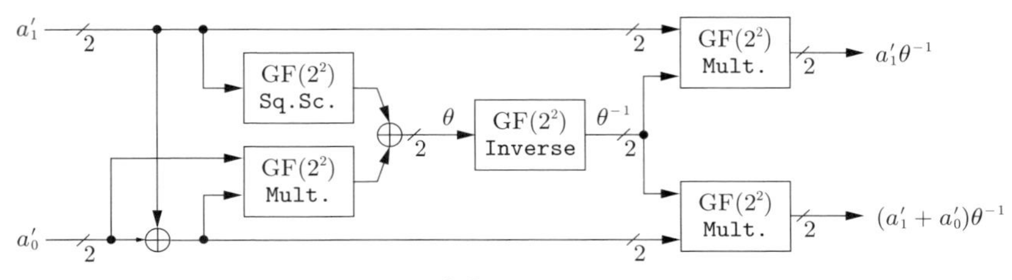

図 **2.8** $\mathrm{GF}((2^2)^2)$ の逆元を計算する回路

以上のように，$\mathrm{GF}(2^2)$ の演算器を基に，$\mathrm{GF}((2^2)^2)$ の逆元を計算することができた。煩雑になるため詳細は省略するが，$\mathrm{GF}(((2^2)^2)^2)$ の逆元演算器も，再帰的に構成することができる。そのようにして得た $\mathrm{GF}(((2^2)^2)^2)$ の逆元演算器を用いると，AES の S–box を効率的に実装することができる。　(例終)

2.3.4 正規基底を用いた S–box 実装

既約多項式 $t(W) = W^2 + W + 1$ により拡大した拡大体 $\mathrm{GF}(2^2)$ を考える。前項において，$a' \in \mathrm{GF}(2^2)$ は $a_1, a_0 \in \mathrm{GF}(2)$ を用いて $a' = a_1W + a_0$ と書けると述べた。このように，$[W, 1]$ に係数がついた形式を，多項式基底 $[W, 1]$ による**元**の表現という。拡大体の元は，別の基底を用いても表現することができる。本節では特に，効率的に実装を行うことができる正規基底について述べる。

正規基底（normal basis）とは，既約多項式の根を基底としたものである。既約多項式をゼロと同一視しており，$t(W) = W^2 + W + 1$ であるため，W は $t(W)$ の根である。加えて，W^2 もまた $t(W)$ の根である。

$$
\begin{aligned}
t(W^2) &= (W^2)^2 + W^2 + 1 \\
&= W^4 + W^2 + 1 \\
&= (W+1)^2 + W^2 + 1 \\
&= 0.
\end{aligned}
$$

よって，二つの根を並べた $[W^2, W]$ は正規基底である。そのため，$a' \in \mathrm{GF}(2^2)$ に対して

$$a' = a_1 W^2 + a_0 W, \tag{2.17}$$

となる $a_1, a_0 \in \mathrm{GF}(2^2)$ が存在する。以降では，正規基底で表現した元を用いて演算を行う方法を述べる。

例 11. 既約多項式 $t(W) = W^2 + W + 1 = 0$ による拡大体 $\mathrm{GF}(2^2)$ について考える。$\{W^2, W\}$ は正規基底である。$a', b', c' \in \mathrm{GF}(2^2)$ のとき，$a_1, a_0, b_1, b_0, c_1, c_0 \in \mathrm{GF}(2)$ が存在して，

$$a' = a_1 W^2 + a_0 W, \qquad b' = b_1 W^2 + b_0 W, \qquad c' = c_1 W^2 + c_0 W,$$

と書ける。

ここで，$c' = a'b'$ であるとしよう。a' と b' の積はつぎのように計算できる。

$$\begin{aligned} c' = a'b' &= (a_1 W^2 + a_0 W)(b_1 W^2 + b_0 W) \\ &= (a_1 \wedge b_1) W^4 + \{(a_1 \wedge b_0) \oplus (a_0 \wedge b_1)\} W^3 + (a_0 \wedge b_0) W^2 \\ &= (a_1 \wedge b_1) W + \{(a_1 \wedge b_0) \oplus (a_0 \wedge b_1)\}(W^2 + W) + (a_0 \wedge b_0) W^2 \\ &= \{(a_0 \wedge b_0) \oplus (a_1 \wedge b_0) \oplus (a_0 \wedge b_1)\} W^2 \\ &\qquad + \{(a_1 \wedge b_1) \oplus (a_1 \wedge b_0) \oplus (a_0 \wedge b_1)\} W. \end{aligned} \tag{2.18}$$

ただし，式変形でつぎの関係を利用した。

$$W^4 = (W+1)^2 = W^2 + 1 = W,$$

$$W^3 = W(W+1) = W^2 + W.$$

係数を比較すると，つぎの関係を得る。

$$c_1 = (a_0 \wedge b_0) \oplus (a_1 \wedge b_0) \oplus (a_0 \wedge b_1),$$

$$c_0 = (a_1 \wedge b_1) \oplus (a_1 \wedge b_0) \oplus (a_0 \wedge b_1).$$

$\mathrm{GF}(2^2)$ の乗算の表をまとめたものが**表 2.5** である。　(例終)

表 **2.5** 正規基底における GF(2^2) の演算表

$(a_1a_0)_2$	a'	$(b_1b_0)_2$	b'	$(c_1c_0)_2$	c'
$(00)_2$	0	$(00)_2$	0	$(00)_2$	0
$(00)_2$	0	$(01)_2$	W	$(00)_2$	0
$(00)_2$	0	$(10)_2$	W^2	$(00)_2$	0
$(00)_2$	0	$(11)_2$	W^2+W	$(00)_2$	0
$(01)_2$	W	$(00)_2$	0	$(00)_2$	0
$(01)_2$	W	$(01)_2$	W	$(10)_2$	W^2
$(01)_2$	W	$(10)_2$	W^2	$(11)_2$	W^2+W
$(01)_2$	W	$(11)_2$	W^2+W	$(01)_2$	W
$(10)_2$	W^2	$(00)_2$	0	$(00)_2$	0
$(10)_2$	W^2	$(01)_2$	W	$(10)_2$	W^2+W
$(10)_2$	W^2	$(10)_2$	W^2	$(01)_2$	W
$(10)_2$	W^2	$(11)_2$	W^2+W	$(10)_2$	W^2
$(11)_2$	W^2+W	$(00)_2$	0	$(00)_2$	0
$(11)_2$	W^2+W	$(01)_2$	W	$(01)_2$	W
$(11)_2$	W^2+W	$(10)_2$	W^2	$(10)_2$	W^2
$(11)_2$	W^2+W	$(11)_2$	W^2+W	$(11)_2$	W^2+W

例 12. $a' \in \mathrm{GF}(2^2)$ とする。このとき，$a_1, a_0 \in \mathrm{GF}(2)$ が存在して $a' = a_1W^2 + a_0W$ と書ける。a' の逆元 $(a')^{-1}$ はつぎのように得られる。

$$(a')^{-1} = a_0W^2 + a_1W. \tag{2.19}$$

すなわち，二つの係数 a_1 と a_0 を入れ替えるだけでよい。 (例終)

演習問題 8. $a' \neq 0$ のとき $a'(a')^{-1} = 1$ を示すことで，式 (2.19) が，逆元を与えることを証明せよ。 (問終)

例 13. GF(2^2) の拡大に用いる既約多項式を $t(W) = W^2 + W + 1$，GF$((2^2)^2)$ の拡大に用いる既約多項式を $s(Z) = Z^2 + Z + W$ とする。

$$\begin{aligned} s(Z^4) &= Z^8 + Z^4 + W \\ &= (Z^2+1) + (Z^2+W+1) + W \\ &= 0, \end{aligned}$$

であるため，Z^4 は，$s(Z)$ の根である。よって，$[Z^4, Z]$ は GF$((2^2)^2)$ の正規基底である。正規基底において，Z のべき乗がどのように表現されるかを**表 2.6**

表 2.6 拡大体の元と正規基底表現

Z のべき乗	正規基底による表現	Z^4 の係数	Z の係数
0	0	0	0
1	Z^4+Z	1	1
Z	Z	0	1
Z^2	$WZ^4+(W+1)Z$	W	$W+1$
Z^3	WZ^4+Z	W	1
Z^4	Z^4	1	0
Z^5	WZ^4+WZ	W	W
Z^6	WZ	0	W
Z^7	$(W+1)Z^4+Z$	$W+1$	1
Z^8	$(W+1)Z^4+WZ$	$W+1$	W
Z^9	WZ^4	W	0
Z^{10}	$(W+1)Z^4+(W+1)Z$	$W+1$	$W+1$
Z^{11}	$(W+1)Z$	0	$W+1$
Z^{12}	Z^4+WZ	1	W
Z^{13}	$Z^4+(W+1)Z$	1	$W+1$
Z^{14}	$(W+1)Z^4$	$W+1$	0

に示す。

$a'', b'', c'' \in \mathrm{GF}((2^2)^2)$ のとき，$a'_1, a'_0, b'_1, b'_0, c'_1, c'_0 \in \mathrm{GF}(2^2)$ が存在して

$$a'' = a'_1Z^4 + a'_0Z, \qquad b'' = b'_1Z^4 + b'_0Z, \qquad c'' = c'_1Z^4 + c'_0Z,$$

と書ける。$c'' = a''b''$ とする。a'' と b'' の積はつぎのように計算できる。

$$\begin{aligned}
c'' &= a''b'' \\
&= (a'_1Z^4 + a'_0Z)(b'_1Z^4 + b'_0Z) \\
&= a'_1b'_1Z^8 + (a'_1b'_0 + a'_0b'_1)Z^5 + a'_0b'_0Z^2 \\
&= \{a'_1b'_1(W+1) + (a'_1b'_0 + a'_0b'_1)W + a'_0b'_0W\}Z^4 \\
&\quad + \{a'_1b'_1W + (a'_1b'_0 + a'_0b'_1)W + a'_0b'_0(W+1)\}Z. \qquad (2.20)
\end{aligned}$$

なお，式変形において，表 2.6 に記載した $Z^8 = (W+1)Z^4 + WZ$ と $Z^5 = WZ^4 + WZ$ を用いた。式 (2.20) において両辺の係数比較を行ってつぎを得る。

$$c'_1 = a'_1b'_1W^2 + (a'_1b'_1 + a'_1b'_0 + a'_0b'_1 + a'_0b'_0)W,$$

$$c_0' = a_0'b_0'W^2 + (a_1'b_1' + a_1'b_0' + a_0'b_1' + a_0'b_0')W.$$

(例終)

例 14. $a'' \in \mathrm{GF}((2^2)^2)$ とする。このとき，$a_1', a_0' \in \mathrm{GF}(2^2)$ が存在して $a'' = a_1'Z^4 + a_0Z$ となる。a'' の逆元 $(a'')^{-1}$ は，つぎのように得られる。

$$(a'')^{-1} = (\zeta^{-1}a_0)Z^4 + (\zeta^{-1}a_1)Z. \tag{2.21}$$

ただし，

$$\zeta = a_1a_0 + (a_1 + a_0)^2W \in \mathrm{GF}(2^2), \tag{2.22}$$

である。$\mathrm{GF}(2^2)$ の逆元 ζ^{-1} は，式 (2.19) により求めることができる。(例終)

演習問題 9. $a'' \times (a'')^{-1} = 1$ となることを確認することで，式 (2.21) が，逆元を与えることを証明せよ。(問終)

例 15. 式 (2.21) に基づき $\mathrm{GF}((2^2)^2)$ の逆元を計算する回路を図 **2.9** に示す。これは，前節で述べた図 2.8 に示した回路に対応している。

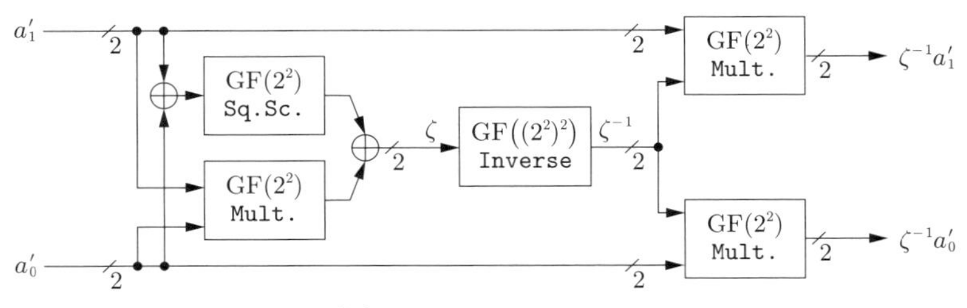

図 2.9 $\mathrm{GF}((2^2)^2)$ の逆元を計算する回路（正規基底版）

図 2.9 の前半部は，式 (2.22) の ζ を計算する部分である。回路ブロック `Sq.Sc` は $(a_1 + a_0)^2W$ を計算する。また，`Mult.` では a_1a_0 を計算する。そのようにして得た 2 項を加算することで，ζ を求めることができる。中間部にある `Inverse` では，式 (2.19) に従い $\mathrm{GF}(2^2)$ の逆元を計算し，ζ^{-1} を得る。図 2.9 の後半部には二つの乗算があり，式 (2.21) に現れる係数である $\zeta^{-1}a_0$ と $\zeta^{-1}a_1$

を計算する。

以上のようにして，$GF(2^2)$ の演算器を元に，$GF((2^2)^2)$ の逆元を計算することができた。$GF(((2^2)^2)^2)$ の逆元演算器も，再帰的に構成することができる。そのようにして得た $GF(((2^2)^2)^2)$ の逆元演算器を用いると，AES の S–box を効率的に実装することができる。　(例終)

引用・参考文献

1) NIST: National Institute of Standards and Technology：“Data Encryption Standard (DES),” Federal Information Processing Standards Publication 46–3 (1999)
2) NIST: National Institute of Standards and Technology：“Recommendation for the Triple Data Encryption Algorithm (TDEA) Block Cipher,” Special Publication 800–67, Rev.2 (2017)
3) NIST: National Institute of Standards and Technology：“Announcing the Advanced Encryption Standard (AES),” Federal Information Processing Standards Publication 197 (2001)
4) NIST: National Institute of Standards and Technology：“Recommendation for Block Cipher Modes of Operation: Galois/Counter Mode (GCM) and GMAC,” Special Publication 800–38D (2007)
5) A. Rudra, P.K. Dubey, C.S. Julta, V. Kumar, J.R. Rao and P. Rohatgi：“Efficient Rijndael Encryption Implementation with Composite Field Arithmetic,” in CHES 2001, pp.171–184 (2001)
6) S. Morioka and A. Satoh：“An Optimized S–Box Circuit Architecture for Low Power AES Design,” in CHES 2002, pp.271–295 (2003)
7) D. Canright：“A very compact S–Box for AES,” in CHES 2005, pp.441–455 (2005)

3 公開鍵暗号の実装

本章では，公開鍵暗号のソフトウェアおよびハードウェア実装のアルゴリズムを紹介する。公開鍵暗号として，RSA 暗号と楕円曲線暗号を扱い，**コスト性能**（cost performance），および**安全性**（security）のトレードオフの基本を学ぶ。まず準備として，一般的な加算器に関する基礎と有限体上の演算アルゴリズムを概説する。つぎに，RSA 暗号と ECC の基本的な数理を説明した後に，実装における最適化手法をいくつか紹介する。多くの最適化手法は，ハードウェア実装だけでなくソフトウェア実装にも使えるものである。

3.1 公開鍵暗号方式

暗号は，情報セキュリティと**信憑性**（credibility，reliability，authenticity）の科学を扱うものである。70 年代中ごろまでは，安全な通信のために使われる暗号は，共通鍵暗号に基づくものであった。Diffie と Hellman は，1976 年に公開鍵暗号の概念を導入し，共通鍵暗号において不可欠である事前の**鍵交換**（prior key exchange）が不要とできることを示した[1)]。90 年代前半から，公開鍵暗号（PKC）方式は，デジタル通信のための重要なビルディングブロックとなり，安全でない通信路において，安全に鍵を交換することや**デジタル署名**（digital signature）に利用されている。デジタル署名により，送信者が正しい者であることを示す**真正性**（authenticity）だけでなく，送信データに改ざんがないことを示す完全性を確認することができる。**図 3.1** に，公開鍵暗号方式の基本的なモデルを示す。アリスが，メッセージ m をボブに安全に送りたいときには，ボブの**公開鍵**（public key）B を使って，メッセージ m を暗号化し，暗号文 c をボブ

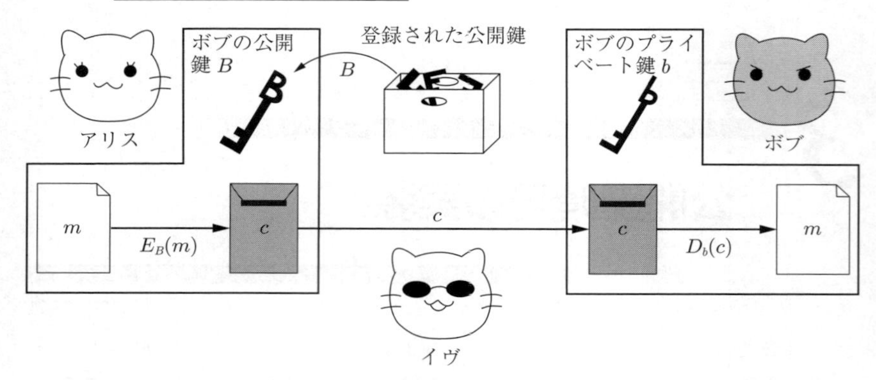

図 **3.1**　公開鍵暗号方式の基本モデル

に送信する。**暗号化関数** $E_B(\cdot)$ を用いて表すと，$c = E_B(m)$ である。ボブは，自分の**プライベート鍵**（private key）b を用いて，$D_b(c) = D_b(E_B(m)) = m$ として，メッセージを復号することができる。ここで，$D_b(\cdot)$ は**復号関数**である。

つぎに，デジタル署名について説明する。**図 3.2** は，ハッシュ関数を用いたデジタル署名の例である。アリスが，ボブにデジタル署名付きのメッセージを送る場合，アリスは，自分のプライベート鍵 a を用いて，署名 $S_a(H(m))$ を計算し，メッセージ m とともにボブに送る。ここで，$H(m)$ は，メッセージ m に対するハッシュ値であり，メッセージ全体に対する署名を生成することを避けるために用いられる。ボブは，$V_A(S_a(H(m))$ を計算することによって，署

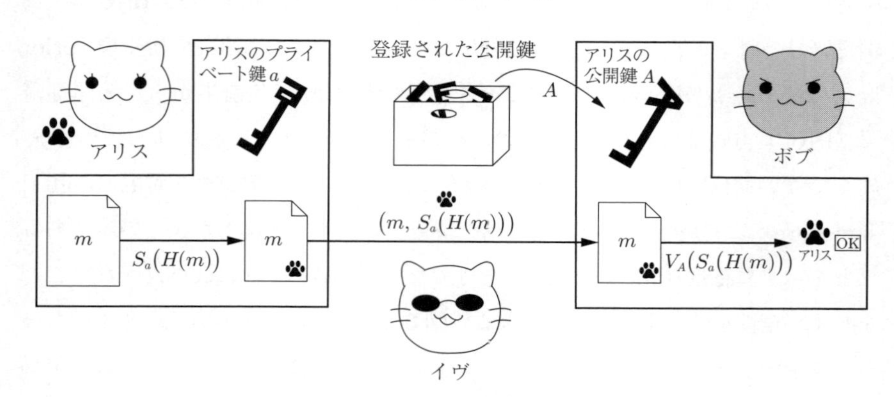

図 **3.2**　デジタル署名の例

名を**検証**（verification）することができる。ここで，$V_A(\cdot)$ は，アリスの公開鍵 A により署名を検証する関数である。

代表的な公開鍵暗号方式は，1977 年に Rivest，Shamir，Adleman によって発明された RSA 暗号である[3)]。つぎに，1985 年に Koblitz と Miller によって独立に提案された ECC が挙げられる[7),8)]。同じセキュリティレベルの RSA 暗号と ECC を比べると，安全性の根拠となる数学問題が異なるため，ECC の鍵長は短くできる[†1]。結果として，ECC はより少ない計算資源でのハードウェア実装が可能となるため，組込みシステムに適した選択と考えられる。

以降，上述の実装上の違いを明確にすべく，公開鍵暗号方式における実装アルゴリズムについて紹介する。まず，加算器と乗算器の基礎を概説し，剰余乗算について説明する。剰余乗算の中でも，特にモンゴメリーの剰余乗算は，効率よく実装できることで知られる有名なアルゴリズムであるため，重要である。つぎに，RSA 暗号の実装に必要となるべき剰余演算のアルゴリズムをいくつか紹介し，それらが RSA 法の演算処理時間，メモリコストおよびサイドチャネル攻撃に対する耐性に与える影響を学ぶ。最後に，GF(p) 上と GF(2^m) 上の ECC 実装について説明する。

3.1.1 RSA 暗号

RSA 暗号は，広く普及した最初の公開鍵暗号である。RSA 暗号の安全性は，桁数（けたすう）の大きい合成数の素因数分解が困難であることを根拠とする。より具体的には，二つの大きな素数 p, q の積により得られた合成数 n は，素数を知らないかぎり，素因数分解することは計算量的に困難であると考えられている。RSA 暗号で使われる公開鍵 (e, n) とプライベート鍵 d は，以下の手続きにより生成される[†2]。

---

†1 例えば，2 048 ビットの RSA 暗号と同じセキュリティレベルは，206 ビット程度の ECC で実現できるとされている[4)]。

†2 gcd$(\cdot,\cdot)$ は，二つの引数の**最大公約数**（greatest common divisor，**G.C.D**）を求める関数。lcm$(\cdot,\cdot)$ は，二つの引数の**最小公倍数**（least common multiple，**L.C.M**）を求める関数。

- 二つの桁数の大きな素数 p, q をランダムに生成する。
- $n = pq$ を計算する。
- $\lambda(n) = \mathrm{lcm}(p-1, q-1)$ を計算する。
- $1 < e < \lambda(n)$ かつ $\gcd(e, \lambda(n)) = 1$ となるような整数 e を選ぶ。
- $d = 1/e \bmod \lambda(n)$ を計算し，d を求める。
- 公開鍵として，(e, n) を選ぶ。
- プライベート鍵として d を選ぶ。

以下の計算により，メッセージ m に対する暗号化処理が行われ，暗号文 c が得られる。

$$c \equiv E_e(m) \equiv m^e \pmod{n}. \tag{3.1}$$

復号は，以下の計算により処理され，暗号文から元のメッセージが得られる。

$$D_d(c) \equiv c^d \equiv m \pmod{n}. \tag{3.2}$$

式から見てわかるとおり，暗号化および復号の処理には，べき剰余演算が必要である。べき剰余演算は，剰余乗算，剰余加算/減算などの剰余演算で構成される。つまり，RSA 暗号実装におけるビルディングブロックは，剰余演算である。剰余演算器の実装効率とべき剰余演算アルゴリズムが，RSA 暗号方式の性能を決める。

3.1.2 楕円曲線暗号（ECC）

楕円曲線暗号（elliptic curve cryptography，**ECC**）は，RSA 暗号と同じ安全性を短い鍵長で実現できるため，実装効率を上げやすく，今後のさらなる普及が予想されている。ECC は，楕円曲線上の離散対数問題の困難性を安全性の根拠とする。ここでは，ECC を実装する際に必要となる基本的な演算とアルゴリズムについて概説する†。

公開鍵暗号で用いられる楕円曲線は，ある有限体上の式 $y^2 = x^3 + ax + b$ を満たすすべての点 $P = (x, y)$ の集合に，**無限遠点**（point at infinity）$\mathcal{O}$ を加

† 数学的な背景については，文献 5) が詳しい。

えたものである。ECCの主要な演算は，楕円曲線上の点 P をスカラー（k）倍する**スカラー倍算**（scalar multiplication）kP である。RSA暗号におけるべき乗剰余演算に相当する。

図3.3に示すように，楕円曲線上の2点 P, Q に対する**点加算**（point addition）$P+Q$ は，つぎのように定義される。点 P, Q を通る直線と楕円曲線とのもう一つの交点を $-R$ とするとき，$-R$ の x 軸に対象な点 R を点加算の結果とし，$R=P+Q$ と表す。R の逆元は，$R+(-R)=\mathcal{O}$ から，x 軸に対象な点 $-R$ となる。スカラー倍算は，k 回の点加算 $P+P+\cdots+P$ により計算することができる。点加算に加えて，点 P の**2倍算**（point doubling）$2P$ をスカラー倍算のビルディングブロックとすることが多い。図3.3に示すように，点 P' における点の2倍算の結果は，点 P' での楕円曲線の接線と楕円曲線とのもう一つの交点を $-R'$ とするとき，$-R'$ の x 軸に対象な点 R' である。このとき，$R'=2P'$ と表現する。

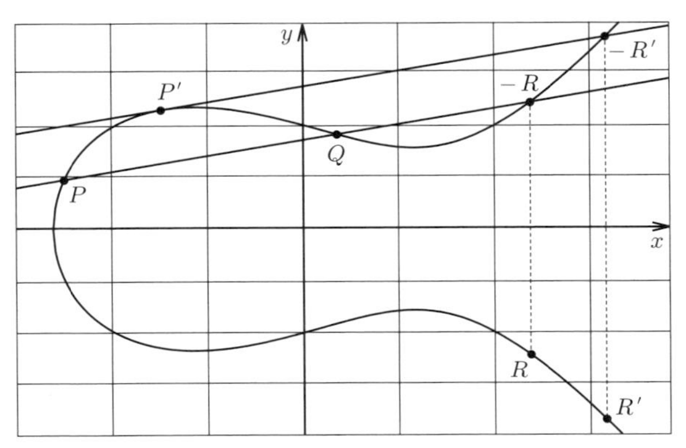

図3.3　楕円曲線（$y^2=x^3-x+1$）上の点の加算と2倍算

一般的なECCで用いられる楕円曲線は，素体 GF(p) 上あるいは拡大体 GF(2^m) で定義される。つまり，ECCでは，GF(p) 上と GF(2^m) の演算が必要となる。RSA暗号における素数の積 n を法とする剰余演算器の多くは，GF(p) 上の演算にそのまま用いることができる。ただし，計算する変数の大きさが異なるため，実装上の工夫が必要となる。一方，GF(2^m) の剰余演算は，実装の観点から RSA 暗号と大きく異なる。例えば，剰余加算において，**桁上がり**（carry）を考慮する必要がない。このように，複数の公開鍵暗号方式を効率的に実装することは，きわめて挑戦的である。

3.2　基本的な算術演算

ここでは，公開鍵暗号方式に必要となる**非負整数**（non–negative integer）の加減算と乗算について概説する。RSA 暗号や GF(p) 上の ECC における剰余演算の基本となるものである。GF(2^m) 上の演算については，3.5.2 項の GF(2^m) 上の ECC の説明で紹介する。

3.2.1　加算器の基礎

加算器（adder）は，あらゆる演算の基本である。ここでは，二つの k ビットの非負整数 X, Y の和（sum）S を算出する演算器について考える。2 進展開した X, Y, S を，それぞれ，

$$X = \sum_{i=0}^{k-1} x_i 2^i = (x_{k-1} \ldots x_1 x_0)_2 ,$$
$$Y = \sum_{i=0}^{k-1} y_i 2^i = (y_{k-1} \ldots y_1 y_0)_2 ,$$
$$S = \sum_{i=0}^{k-1} s_i 2^i = (s_{k-1} \ldots s_1 s_0)_2 , \qquad (3.3)$$

と表す。ただし，$x_i, y_i, s_i \in \{0, 1\}$ である。

図 **3.4** (a) に示す k ビット加算器は，**キャリーイン**（carry in）C_{in} と**キャリーアウト**（carry out）C_{out} を用いて，

$$S + 2^k C_{\text{out}} = X + Y + C_{\text{in}} , \qquad (3.4)$$

と書ける。ただし，$C_{\text{in}}, C_{\text{out}} \in \{0, 1\}$ である。つぎに，この式をビット単位に分解した表現を考えてみる。つまり，1 ビットの加算器である**全加算器**（full

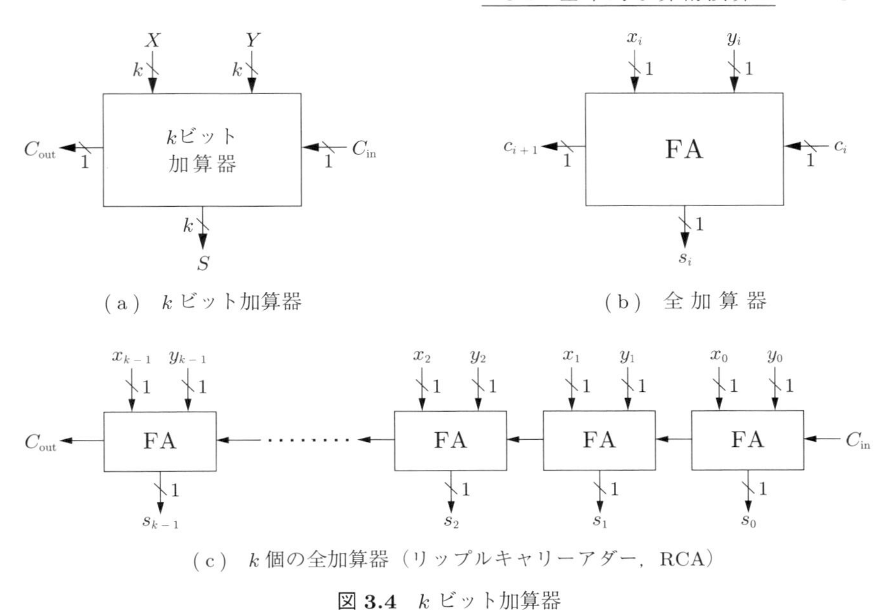

（a） k ビット加算器

（b） 全加算器

（c） k 個の全加算器（リップルキャリーアダー，RCA）

図 3.4 k ビット加算器

adder，**FA**）を用いて表現する場合，

$$
\begin{aligned}
s_0 + 2c_1 &= x_0 + y_0 + C_{\text{in}}\,, \\
s_1 + 2c_2 &= x_1 + y_1 + c_1\,, \\
&\ \vdots \\
s_i + 2c_{i+1} &= x_i + y_i + c_i\,, \\
&\ \vdots \\
s_{k-2} + 2c_{k-1} &= x_{k-2} + y_{k-2} + c_{k-2}\,, \\
s_{k-1} + 2C_{\text{out}} &= x_{k-1} + y_{k-1} + c_{k-1}\,,
\end{aligned}
$$

となる。ただし，$c_i \in \{0, 1\}$ である。この k 個の式のうち，$i+1$ 番目の FA を図にしたものが，図 (b) である。図 (c) は，k 個の FA を数珠つなぎにしたものである。この加算器を，**リップルキャリーアダー**（ripple–carry adder, **RCA**）と呼ぶ。

RCAを**論理ゲート**（logic gate）で構成するために，FAの出力であるs_iとc_{i+1}をそれぞれ分けて表現すると，

$$s_i = (x_i + y_i + c_i) \bmod 2 = x_i \oplus y_i \oplus c_i\,, \tag{3.5}$$

$$c_{i+1} = \frac{(x_i + y_i + c_i) - s_i}{2} = (x_i \wedge y_i) \vee (y_i \wedge c_i) \vee (c_i \wedge x_i)\,, \tag{3.6}$$

となる。s_iは，2入力XORゲート2個あるいは3入力XORゲート1個で構成でき，キャリーc_{i+1}は，2入力ANDゲート3個と2入力ORゲート2個[†]を使って，ハードウェア実装できることがわかる。

演習問題 10.　kビットの非負整数Xの最大値を求めよ。　(問終)

3.2.2 高速な加算器

RCAは，キャリーの伝搬に時間がかかるため，高速化には不向きとされる。加算器の高速化のためには，キャリーの伝搬経路を短くする必要がある。そのための準備として，キャリーアウトの性質を示す以下の三つの信号を追加で導入する。

- **ジェネレート**（generate）：$g_i = x_i \wedge y_i$，$g_i = 1$でキャリーアウトが発生する。
- **アライブ**（alive）：$a_i = x_i \vee y_i$，$a_i = 0$でキャリーアウトが発生しない（$a_i = 1$でキャリーインを伝搬するかキャリーアウトが発生する）。
- **プロパゲート**（propagate）：$p_i = x_i \ominus y_i$，$p_i = 1$でキャリーインを伝搬する。

これらの信号に，キャリー信号が含まれていないことに留意されたい。

それぞれの信号の特徴を**表3.1**にまとめる。プロパゲートについては，$p_i = 1$のときにキャリーは伝搬し，$c_{i+1} = c_i$となる。ジェネレートは，キャリーインの値にかかわらず，必ずキャリーアウトが1となる場合に$g_i = 1$となる。つま

† 通常は，代わりに3入力の**多数決論理ゲート**（majority–logic gate）を利用することが多い。

表 **3.1** キャリーアウト c_{i+1} に関する信号の真理値表

x_i	y_i	g_i	a_i	p_i	$x_i + y_i$	c_{i+1}
0	0	0	0	0	0	0
0	1	0	1	1	1	c_i
1	0	0	1	1	1	c_i
1	1	1	1	0	2	1

り，$x_i = y_i = 1$ のときである。最後にアライブは，ジェネレートとプロパゲートの性質を合わせたものである。つまり，

$$a_i = p_i \vee g_i = x_i \vee y_i\,, \tag{3.7}$$

である。プロパゲートが XOR ゲートであるのに対して，アライブは OR ゲートで処理できる。このため，キャリー演算におけるプロパゲートをアライブに置き換えることで，回路面積を小さくでき，遅延を少なくできる場合がある。

これらの信号を導入することで，キャリーアウト c_{i+1} は，

$$c_{i+1} = g_i \vee (p_i \wedge c_i) = g_i \vee (a_i \wedge c_i)\,, \tag{3.8}$$

となる。

表 3.2 は，$X = (1011\ 1100)_2$，$Y = (0101\ 0010)_2$ における，各種信号の変化の様子である。$i = 0$ のとき，$x_0 = y_0 = 0$ より $a_0 = 0$ であるため，キャリーアウトは発生せず，$c_1 = 0$ である。$i = 1, 2, 3$ では，$p_i = 1$ となるため，キャリーが伝搬する（伝搬を $\leftharpoondown$ で示している）。$i = 4$ のときは，$g_4 = 1$ となるため，キャリーインの値にかかわらず，キャリーアウトが発生し，$c_5 = 1$ となる。$i = 5, 6, 7$ では，$p_i = 1$ となるため，キャリーが伝搬する。興味深いの

表 **3.2** プロパゲート，ジェネレート，およびアライブを用いたキャリーアウトの処理例

i	7		6		5		4		3		2		1		0
x_i	1		0		1		1		1		1		0		0
y_i	0		1		0		1		0		0		1		0
p_i	1		1		1		0		1		1		1		0
g_i	0		0		0		1		0		0		0		0
a_i	1		1		1		1		1		1		1		0
c_{i+1}	1	$\leftharpoondown$	1	$\leftharpoondown$	1	$\leftharpoondown$	1		0	$\leftharpoondown$	0	$\leftharpoondown$	0	$\leftharpoondown$	0

は，$i=3$ の計算結果がわかり次第，$i=4,5,6,7$ におけるキャリーアウトが導出できる点である。g_i の導入により，c_{i+1} 値の決定を速められることが直感的に理解できる。このように，キャリーアウトの計算を先見的に処理する加算器を，**キャリールックアヘッドアダー**（carry–lookahead adder，**CLA**）と呼ぶ。

CLA のハードウェア実装について考える。基本的には，1 ビットで考えていたプロパゲートとジェネレートを複数ビットに拡張することで実現できる。例えば，k ビット加算器を CLA で構成する場合のブロック図を**図 3.5** に示す。図 (a) の**キャリールックアヘッドジェネレータ**（carry–lookahead generator，**CLG**）は，以下の処理を行う。式を見やすくするために，$\wedge$ 記号を省略する。

$$
\begin{aligned}
c_0 &= c_0\,,\\
c_1 &= g_0 \vee p_0c_0\,,\\
c_2 &= g_1 \vee p_1c_1 = g_1 \vee p_1(g_0 \vee p_0c_0)\\
&= g_1 \vee p_1g_0 \vee p_1p_0c_0\,,\\
c_3 &= g_2 \vee p_2c_2 = g_2 \vee p_2(g_1 \vee p_1g_0 \vee p_1p_0c_0)\\
&= g_2 \vee p_2g_1 \vee p_2p_1g_0 \vee p_2p_1p_0c_0\,,\\
&\vdots\\
c_k &= g_{k-1} \vee p_{k-1}c_{k-1} = \underbrace{g_{k-1} \vee \bigvee_{i=0}^{k-2}\left\{\left(\bigwedge_{j=i+1}^{k-1} p_j\right)g_i\right\}}_{G} \vee \underbrace{\left(\bigwedge_{i=0}^{k-1} p_i\right)}_{P} c_0\,.
\end{aligned}
\tag{3.9}
$$

16 ビット CLG，つまり $k=16$ の場合，回路において信号伝搬時間が最も長くなる経路である**クリティカルパス**（critical path）は，$p_{15}p_{14}\cdots p_0c_0$ の処理にある。2 入力 AND ゲートで回路を構成すると，図 (b) のとおり，16 個のプロパゲートの積 P の導出には 4 段の AND ゲートが必要である。例えば，256 ビットの CLA を構成する場合，$k=256$ として回路を構成することができる。この場合は，プロパゲートの積 P の導出に，8 段の AND ゲートが必要

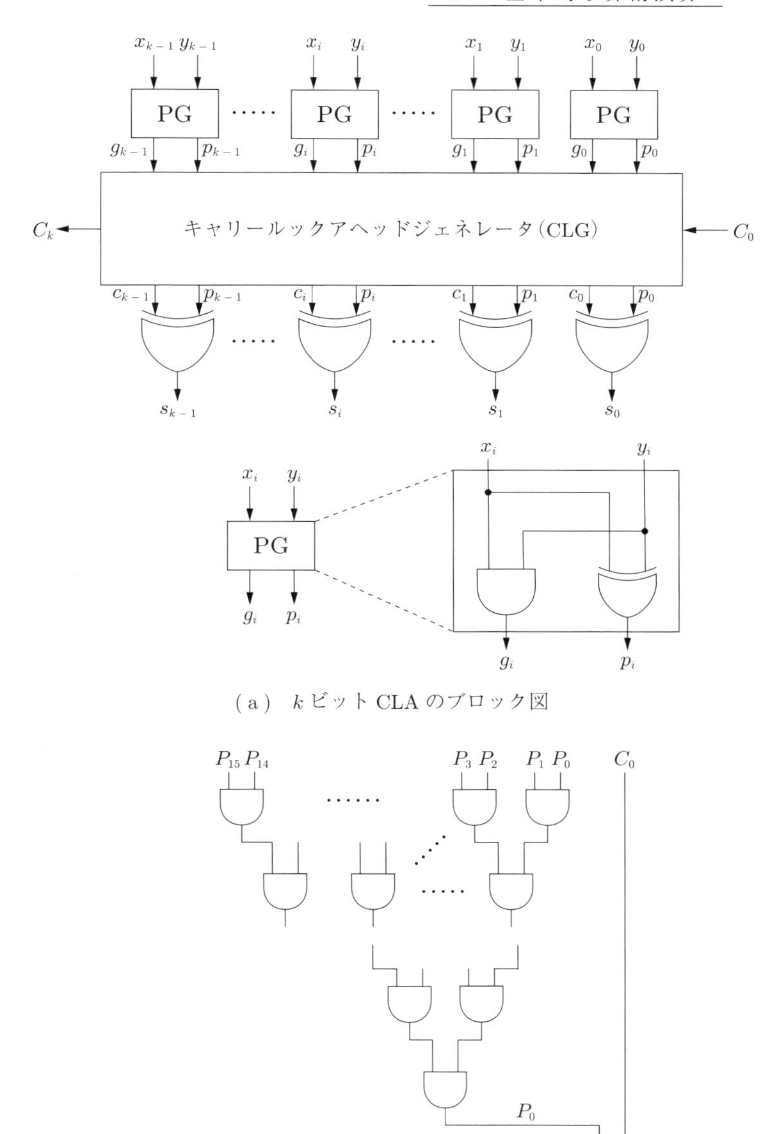

(a) k ビット CLA のブロック図

(b) 16 ビット CLG のクリティカルパス

図 3.5 k ビット CLA のブロック図と 16 ビット CLG のクリティカルパス

となる。つまり，16 ビットの CLA と比べても，2 倍程度の**クリティカルパス遅延**（critical path delay）で実装できることがわかる†。

一方，256 ビット CLG の回路サイズは，16 ビット CLG と比べて，およそ 16 倍大きくなる。回路サイズを小さくする方法としては，階層的にプロパゲートとジェネレートを計算する方法がある。この方法では，CLA の高速化の利点を部分的に使い，処理スピードと回路サイズのトレードオフを模索する。**図 3.6** に示すブロック図は，プロパゲートとジェネレートを 2 段階に分けて算出する 256 ビット CLA である。1 段目の CLA–16 は，前述のとおりの 16 ビット CLA である。それぞれの CLA–16 は，16 ビットの加算結果 $s_{16i}, s_{16i+1}, \ldots, s_{16i+15}$ の出力に加え，式 (3.9) に示す CLA–16 のプロパゲートおよびジェネレートの積 P_i と G_i を出力する（$0 \leqq i \leqq 15$）。つぎに，2 段目の CLG–16 では，P_i と G_i を用いて，式 (3.10) に示すとおり，キャリーアウト $c_0, c_{16}, \ldots, c_{256}$ を導出する。式 (3.9) と同様の処理である。得られた $c_0, c_{16}, \ldots, c_{240}$ は，1 段目の CLA–16 の入力となる。

$$c_0 = c_0\,,$$

$$c_{16} = G_0 \vee P_0 c_0\,,$$

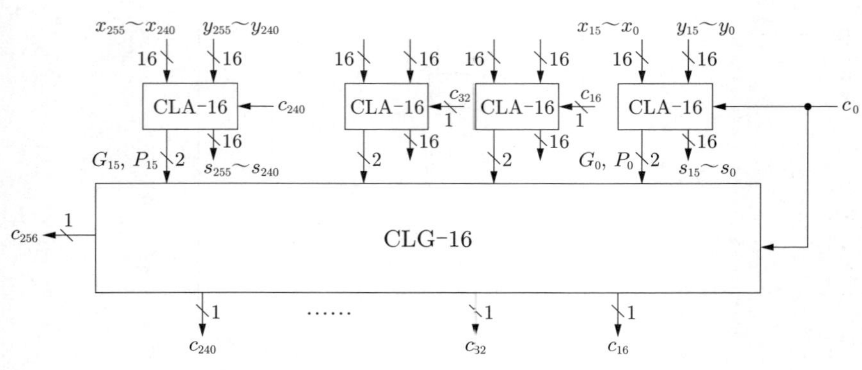

図 3.6　2 階層の 256 ビット CLA のブロック図

† 正確には，式 (3.9) に示すように，c_k を算出するためには，P と c_0 の AND ゲートや OR ゲートの遅延を考慮する必要がある。

$$c_{32} = G_1 \vee P_1 G_0 \vee P_1 P_0 c_0 \,,$$

$$\vdots$$

$$c_{256} = G_{15} \vee P_{15} G_{14} \vee P_{15} P_{14} G_{13} \vee \cdots \vee P_{15} P_{14} \cdots P_1 G_0 \vee P_{15} P_{14} \cdots P_0 c_0 \,. \tag{3.10}$$

3.2.3 マルチオペランド加算

CLA による計算は高速であるが，マルチオペランドの加算を複数回行う場合には，よりレイテンシーを低くできる処理方法がある。**キャリーセーブアダー**（carry–save adder，**CSA**）と呼ばれる加算器である。その名のとおり，キャリーを発生させないように工夫した加算器である。通常の加算器と異なり，3 変数以上の加算の結果を 2 変数で表す。例えば，k ビットの VC, VS を用いて，$X + Y + Z$ の結果を表す場合，

$$X + Y + Z = 2VC + VS \,, \tag{3.11}$$

となるような，k ビットの VC, VS を出力する。この加算器をここでは，3–2 CSA と呼ぶ[†]。**図 3.7** に示すとおり，3–2 CSA は FA のみで構成できる。3–2 CSA の入出力信号の接続は，RCA とは大きく異なり，クリティカルパス遅延は FA と同じである。オペランド数が 4，すなわち $X+Y+Z+W$ の場合には，CSA を**図 3.8** に示すとおりに 2 段接続する。この CSA を **4–2 CSA** と呼ぶ。オペ

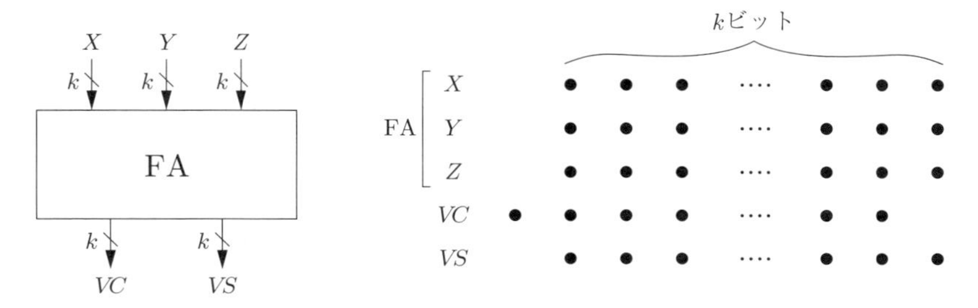

図 3.7 3–2 CSA のブロック図

† 例えば文献 2) では，単に [3:2] adder と記述している。

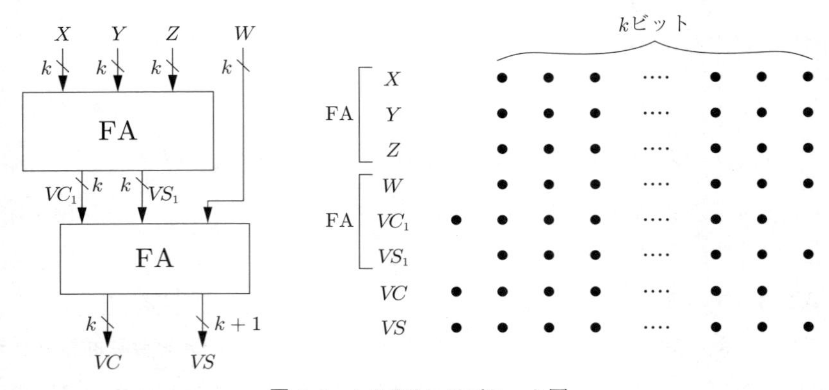

図 **3.8**　4–2 CSA のブロック図

ランド数 n の増加に対するクリティカルパス遅延時間の増加は，$\log_2 n$ 程度に抑えることができる。

CSA の利点を最大限に活用できる例として，$S = \sum_{j=1}^{n} X_j \bmod 2^k$ の計算を考える。ここで，X_j は k ビットの非負整数とする。通常の加算器を用いて実装する場合，$T \leftarrow (T + X_j) \bmod 2^k$ を $1 \leqq j \leqq n$ に対して，n 回実行すればよい。T の初期値は 0 である。この処理のレイテンシーを決めるのは，加算器のクリティカルパス遅延である。もし，k の値が 2 048 などという大きい値の場合では，CLA を使ったとしてもレイテンシーは大きくなってしまう。そこで，$T = 2VC + VS$ とし，3–2 CSA を加算に用いる。図 **3.9** (a) に示すとおり，ループアーキテクチャを用いて実装することができ，クリティカルパス遅延が FA の 1 個分となることがわかる。結果として得られた VC, VS は，最後に CLA などの通常の加算器を用いて，$S = 2VC + VS$ を計算すればよい。なお，図 (b) と図 (c) に示すとおり，**ループアンローリング**により，回路面積と必要なクロックサイクル数のトレードオフを模索することができる。

後述する加算器に基づいた RSA 暗号アルゴリズムでは，マルチオペランド加算を繰り返す必要がある（3.4.2 項に掲載のアルゴリズム 6 のステップ 4[†]）。この加算を CSA で構成した場合，T_i を 2 変数で表すことになるため，五つの

† アルゴリズム内に記載の行番号を，以降 “ステップ” と記載する。

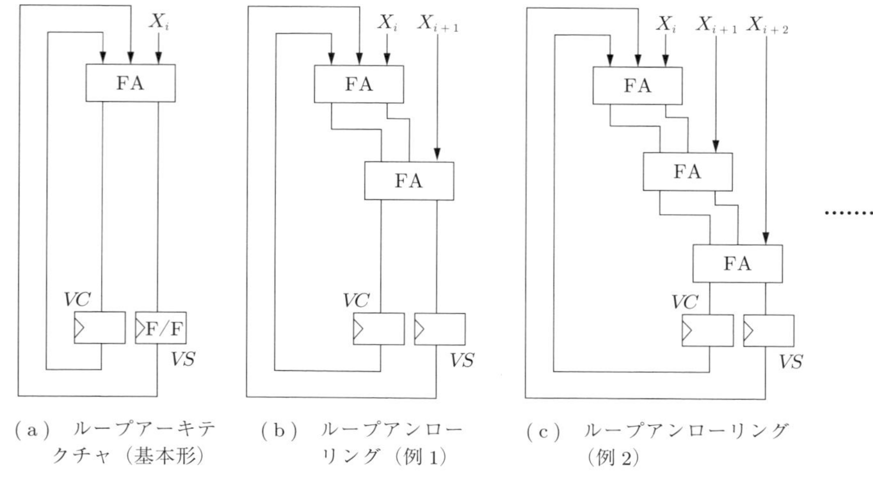

図 3.9　ループアーキテクチャによる CSA の実装（図中 F/F はフリップフロップ）

オペランドを二つに圧縮する 5–2 CSA を用いて構成できる。

演習問題 11.　5–2 CSA のクリティカルパス遅延時間を求めよ。ただし，FA は，XOR ゲートと多数決論理ゲートで構成することとし，2 入力 XOR ゲートの遅延と多数決論理ゲートの遅延は，それぞれ $t_{XOR2} = 4\tau$，$t_{MAJ} = 3\tau$ とする（τ は正の実数）。また，$t_{XOR3} = 4\tau$ である 3 入力 XOR ゲートが使える場合の 5–2 CSA のクリティカルパス遅延時間を求めよ。ただし，すべてのオペランドは，同じタイミングで入力されるものとする。　(問終)

3.2.4　乗　算　器

k ビットの整数 X と Y に対する**積**（prodcut）は，式 (3.3) から $X\sum_{i=0}^{k-1} y_i 2^i$ で求めることができる。つまり，$y_0X, y_1X, \ldots, y_{k-1}X$ の k 個の**部分積**（partial product）の和を求めればよい。なお，$y_iX = 0$（$y_i = 0$）or X（$y_i = 1$）である。ここでは簡単のために，**被乗数**（multiplicand）X および**乗数**（multiplier）Y が，共に符号なしの整数である**乗算器**（multiplier）について説明する。つまり，$0 \leqq X,\ Y \leqq 2^k - 1$ である。

乗算器ハードウェアは，高速化のための二つの有名なアルゴリズムに基づいている。一つは，複数の部分積を高速に計算するアルゴリズムである。乗算器において，クリティカルパスとなるのは，乗算結果の $k-1$ ビット目における加算である。この加算を実現する最も単純な方法は，k 段の CPA を適用することだが，前節で説明したようにレイテンシーが高くなる。そこで，マルチオペランド加算であることに着目し，CSA を用いることで，低いレイテンシーで処理することができるようになる。具体的には，部分積の和において，**図 3.10** (a) に示す**加算木**（adder tree）を構成し，3–2 CSA（FA）の段数を $\log_{3/2} k$ 程度に減らすのである。オペランド数が $16, 32, 64$ といった，2 のべき乗の場合には，図 (b) に示す 4–2 CSA をビルディングブロックとする加算木が考えやすい。この場合，4–2 CSA の段数は $\log_2 k - 1$ となり，3–2 CSA（FA）の段数は，$2(\log_2 k - 1)$ となる。

もう一つのアルゴリズムは，部分積の数自体を効率よく減らす**ブースリコーディング**（Booth recoding）と呼ばれるものである。ここでは，基数 4 のブー

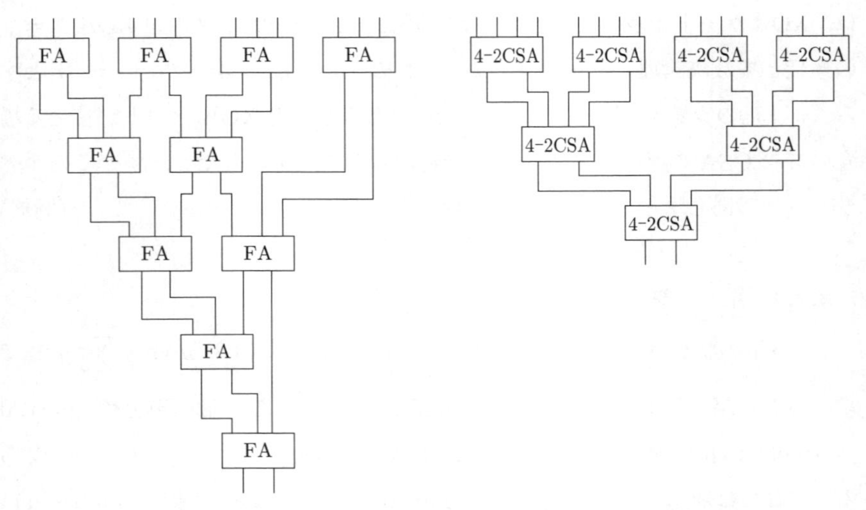

(a)　3-2 CSA に基づく加算木　　(b)　4-2 CSA に基づく加算木

図 3.10　3–2 CSA と 4–2 CSA に基づく加算木

スリコーディングについて説明する。**表 3.3** に従い，$Y = (00y_{k-1} \dots y_1 y_0 0)_2$ を，$Z = (z_{l-1} \dots z_1 z_0)_4$ に変換する。ここで，k を簡単のために偶数とすると，$l = k/2 + 1$ である。通常の 4 進数では，連続する 2 ビットは $(y_{2i+1}\ y_{2i})_2 \in \{0, 1, 2, 3\}$ となるが，ブースリコーディングの場合には，$z_i \in \{-2, -1, 0, 1, 2\}$ で表現する。Y の**最上位ビット**（most significant bit，**MSB**）に追加した 00 と**最下位ビット**（least significant bit，**LSB**）に追加した 0 は，非負整数 Y に対するブースリコーディングに必要なビットである。このビットのことを**パディングビット**（padding bits）と呼ぶ。

表 3.3 基数 4 のブースリコーディング

y_{2i+1}	y_{2i}	y_{2i-1}	z_i
0	0	0	0
0	0	1	1
0	1	0	1
0	1	1	2
1	0	0	-2 $(= \overline{2})$
1	0	1	-1 $(= \overline{1})$
1	1	0	-1 $(= \overline{1})$
1	1	1	0

例 16. $Y = 1\,849 = (00\ 1111\ 0011\ 1001)_2$ の場合，$Z = (1\ 0\overline{1}\ 10\overline{2}1)_4$ となる。 (例終)

通常，部分積に $3X$ が発生すると，$X + 2X$ を計算することになり，部分積の数が増えて回路のレイテンシーがその分増加する。一方，基数 4 のブースリコーディングでは，部分積が $3X$ となることを回避することができる。なお，変換表を用いるのではなく，**表 3.4** に示すように，$2Y - Y$（$= Y$）を下位から 2 ビットずつ計算することでも同じリコーディング結果を得ることができる。

表 3.4 減算による基数 4 のブースリコーディング

$2Y =$	0	0	1	1	1	1	0	0	1	1	1	0	0	1	0
$-\ \ Y =$		0	0	1	1	1	1	0	0	1	1	1	0	0	1
$Y =$		1		0		$\overline{1}$		1		0		$\overline{2}$		1	

基数 4 のブースリコーディングによる部分積の個数の削減を考察する。ブースリコーディングを適用しない場合には，部分積は $0, X, 2X, 3X$ のいずれかであるため，乗数 Y の 1 ビット当りの部分積の個数の期待値は 1/2 と考えられる。ただし，部分積がすべて $3X$ となる最悪の場合には，1 ビット当りの部分積の個数は 1 となる。一方，ブースリコーディングを適用した場合，表 3.3 と表 3.4 から，乗数 Y の 1 ビット当りの部分積の個数の期待値は 3/8 となる。最悪の場合でも，1 ビット当りの部分積の個数は 1/2 である。例えば，64 ビットの乗算器をハードウェアで実装する場合には，たかだか $32+1$ 個の部分積で処理できることがわかる（+1 は 0 パディングによるもの）。

ブースリコーディングによって，部分積は，$-2X, -X, 0, X, 2X$ のいずれかとなる。これらはすべて，X の**シフト**（shift）や**ビット反転**（bit inversion）といった，簡単な演算で実現できる。また，加算のオペランド数は l であるため，加算木の段数は，4–2 CSA で構成した場合 $\lfloor l \rfloor$ となる†。例えば，256 ビットの符号付き整数の乗算器は，7 段の 4–2 CSA で構成できる。

ただし，$-2X, -X$ といった負の値を取り扱う際には工夫が必要である。これらの値は，**2 の補数**（2's complement）で表現することになるため，**符号拡張**（sign extension）が必要となり，部分積の和を計算する際の演算量および回路面積の増加の原因となる。そこで，符号拡張をせずに部分積の和が計算できるように変換を行う。

k ビットの符号なしの乗算において，部分積のとりうる値を T とする。ここで，$T \in \{0,\ X,\ 2X\}$ とする。$k+2$ ビットの 2 の補数による T は，つぎのように表すことができる。

$$
\begin{aligned}
T &= -t_{k+1}2^{k+2} + \sum_{i=0}^{k+1} t_i 2^i \\
&= -t_{k+1}2^{k+1} + \sum_{i=0}^{k} t_i 2^i
\end{aligned}
$$

† $\lfloor\cdot\rfloor$ は，床関数で，それ以上の最大の整数を求める関数。なお，$\lceil\cdot\rceil$ は，天井関数で，それ以下の最小の整数を求める関数である。

$$= -2^{k+1} + \overline{t_{k+1}}2^{k+1} + \sum_{i=0}^{k} t_i 2^i . \tag{3.12}$$

ここで，$\overline{t_i}$ は，t_i のビット反転である。また，$-X, -2X$ などの負の数を扱う場合には，

$$-\sum_{i=0}^{k+1} t_i 2^i = \sum_{i=0}^{k+1} \overline{t_i} 2^i + 1 , \tag{3.13}$$

であることに注意して，式 (3.12) を変形すると，

$$-T = -2^{k+1} + t_{k+1}2^{k+1} + \sum_{i=0}^{k} \overline{t_i} 2^i + 1 , \tag{3.14}$$

となる。これは，$-T$ の 2 の補数による表現の一つである。式 (3.12) と式 (3.14) において，-2^{k+1} を除き，すべて加算で表せていることがわかる。つまり，-2^{k+1} を別に処理すれば，符号拡張の必要はなくなる。

-2^{k+1} は，乗数の MSB に関する部分積を除くすべての部分積（0 を含む）で必ず発生する定数である。よって，乗算全体における -2^{k+1} の総和は，

$$2^{k+1} \underbrace{(\bar{1}0\bar{1} \cdots 0\bar{1}0\bar{1})_2}_{l\text{bits}} = 2^{k+1} \underbrace{(\bar{1}010 \cdots 1011)_2}_{(l+1)\text{bits}} , \tag{3.15}$$

となる。このようにして得られた値を，$k+1$ ビット目から上位に 2 ビットずつ式 (3.12) と式 (3.14) に戻すと，

$$\begin{aligned}
z_0 X &= \bar{s}2^{k+3} + s2^{k+2} + s2^{k+1} + S + s , \\
z_1 X &= 2^{k+2} + \bar{s}2^{k+1} + S + s , \\
&\vdots \\
z_{l-2} X &= 2^{k+2} + \bar{s}2^{k+1} + S + s , \\
z_{l-1} X &= \bar{s}2^{k+1} + S + s , \\
z_l X &= S ,
\end{aligned} \tag{3.16}$$

となる。ただし，

$$s = \begin{cases} 0 & (T \geqq 0) \\ 1 & (T < 0), \end{cases} \tag{3.17}$$

$$S = \begin{cases} \displaystyle\sum_{i=0}^{k} t_i 2^i & (T \geqq 0) \\ \displaystyle\sum_{i=0}^{k} \overline{t_i} 2^i & (T < 0), \end{cases} \tag{3.18}$$

である。z_0X の上位 3 ビットは，$(011)_2 + (00\overline{s})_2 = (\overline{s}ss)_2$ から求まる。

図 3.11 に，非負整数の乗算におけるブースアルゴリズムと符号拡張の回避についてまとめる。

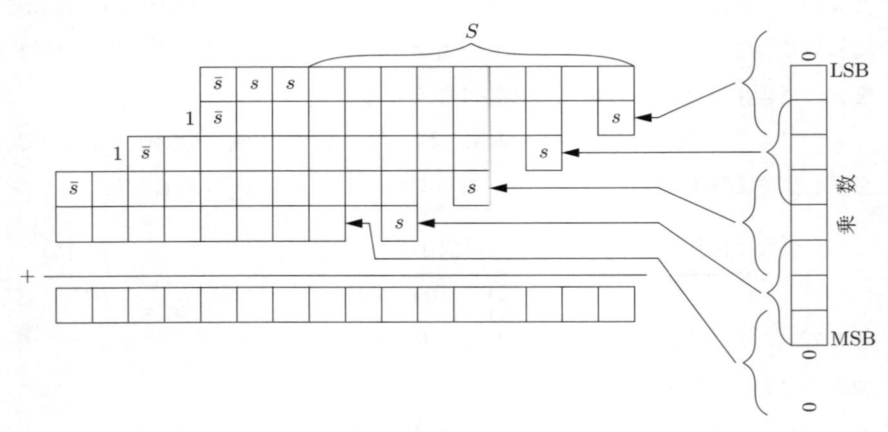

図 3.11　8 ビット非負整数の乗算におけるブースアルゴリズム

3.3　基本的な剰余演算アルゴリズム

n を法として実行される**剰余演算**（modulo operation）は，ある数値を n で割ったときの余りを得る演算であり，その結果は，$\{0, 1, 2, \ldots, n-1\}$ の要素となる。ここでは，n は 2 以上の整数とする。n を法とする四則演算は，整数の算術演算の後の，リダクション（式 (2.7) 参照）と呼ばれる処理により実現する。一般に，リダクションは，ある数値を法の値 n より小さい値にする処理であり，単純には n を繰り返し減じることで実現できる。なお，リダクションは，算術演算の計算の途中で行うこともできる。なお，n が素数であるときには，素体 GF(p) 上の演算となるが，基本的に実装のためのアルゴリズムにちがいはない。GF(p) 上の ECC の実装において，メルセンヌ素数[†] などの特別な数を法にとる場合は，効率のよい実装を行うことは可能である。ただし，これは，アルゴリズムにおいて，あるパラメータを固定することで実現できる計算量の削減によるものであり，実装のアルゴリズム自体が変わるわけではない。一般に，法や楕円曲線のパラメータなどの変更が柔軟にできる実装形態は，そうでないものと比べ，より多くの計算資源を要する。

3.3.1　剰余加算と剰余減算のアルゴリズム

剰余加算（modular addition）と**剰余減算**（modular subtraction）のアルゴリズムを，それぞれアルゴリズム 1 とアルゴリズム 2 に示す。

アルゴリズム **1** 剰余加算アルゴリズム

Input: integers $n,\ x,\ y$ with $n \geqq 2$, $0 \leqq x, y < n$.
Output: $(x + y) \bmod n$.
1: $T \leftarrow x + y$
2: **if** $T \geqq n$ **then**
3: 　$T \leftarrow T - n$
4: **end if**
5: Return T

アルゴリズム **2** 剰余減算アルゴリズム

Input: integers $n,\ x,\ y$ with $n \geqq 2$, $0 \leqq x, y < n$.
Output: $(x - y) \bmod n$.
1: $T \leftarrow x - y$
2: **if** $T < 0$ **then**
3: 　$T \leftarrow T + n$
4: **end if**
5: Return T

† 2 のべきより 1 だけ小さい自然数 $2^n - 1$ で表すことのできる素数。

3.3.2 素朴な剰余乗算アルゴリズム

剰余乗算を求めるための最も単純な方法として，アルゴリズム 3 が考えられる。このアルゴリズムでは，0 以上の k ビット整数 x, y の乗算結果を S に代入し，S を法 n で割ったときの商 $\lfloor S/n \rfloor$ を用いて余りを求める。つまり，このアルゴリズムでは除算が必要である。

アルゴリズム **3** 剰余乗算アルゴリズム

Input: integers n, x, y with $n \geqq 2$, $0 \leqq x, y < n$.
Output: $xy \bmod n$.
1: $S \leftarrow xy$
2: $T \leftarrow \lfloor S/n \rfloor$
3: $S \leftarrow S - Tn$
4: Return S

公開鍵暗号における剰余乗算では，例えば，RSA 暗号の場合は 2 048 ビット，ECC では 256 ビットといった多倍長の数値を扱う。したがって，アルゴリズム 3 のステップ 2 におけるリダクションの処理は，多倍長入力に対する除算である。一般に，多倍長の除算には，多くの計算資源を必要とするため，高速処理を狙うハードウェア実装などには，このアルゴリズムは不向きである。この除算を回避し，剰余乗算を効率的に計算することができるアルゴリズムの一つとして，モンゴメリーの剰余乗算が知られている。モンゴメリーの剰余乗算については，3.4.1 項で詳細を説明する。

3.3.3 乗法逆元演算アルゴリズム

最後に，法を n とする正の整数 x の乗法逆元 x^{-1}（あるいは $1/x$）を計算する方法を考える。ここで，n と x はたがいに素，つまり $\gcd(n, x) = 1$ であるとすると，**オイラーの定理**（Euler's theorem）により

$$x^{-1} = x^{\varphi(n)-1} \bmod n\,, \tag{3.19}$$

となる。特に，n が素数 p の場合には，$\varphi(p) = p - 1$ であるため，$x^{-1} = x^{p-2} \bmod p$ となる[†]。これは，後述の素体上の ECC 演算での計算処理に登場

† **フェルマーの小定理**（Fermat's little theorem）として知られる。

する。この方法では，剰余乗算を繰り返し実行することで，逆元を求めることができるため，逆元演算のためのハードウェアを追加で実装する必要はない。

逆元を計算するもう一つの有名な方法は，アルゴリズム 4 に示す**拡張ユークリッドの互除法**（extended Euclidean algorithm）である。

アルゴリズム **4** 拡張ユークリッドの互除法による乗法逆元アルゴリズム

Input: positive integers n, x with $n \geqq x$, $\gcd(n, x) = 1$.
Output: $x^{-1} \bmod n$.
  $(a_1,\ a_2,\ b_1,\ b_2) \leftarrow (0,\ 1,\ 1,\ 0)$
  while $x \neq 0$ **do**
    $(q,\ n,\ x) \leftarrow (\lfloor n/x \rfloor,\ x,\ n \bmod x)$
    $(a_1,\ a_2,\ b_1,\ b_2) \leftarrow (a_2 - qa_1,\ a_1,\ b_2 - qb_1,\ b_1)$
  end while
  Return b_2

拡張ユークリッド互除法は，整数 n, x に対して，$na + xb = \gcd(n, x)$ の解となる整数 a, b の組を見つけるアルゴリズムである。ここで，n, x がたがいに素であるとき，$na + xb = 1$ であるため，$xb = 1 \bmod n$ となる。このことから，拡張ユークリッド互除法で求めた b が，a を法とする b の乗法逆元であることがわかる。

例 17. $818^{-1} \bmod 4\,353$ を拡張ユークリッド互除法で計算する。アルゴリズム 4 で，$n = 4\,353$, $x = 818$ とすればよい。ここで，$\gcd(4\,353, 818) = 1$ である。アルゴリズムに従って計算を進めると，**表 3.5** のとおりとなり，結果 $818^{-1} \bmod 4\,353 = 2\,102$ と求めることができる。

表 3.5 拡張ユークリッド互除法による乗法逆元の導出（$n = 4\,353$, $x = 818$ の場合）

	n	x	q	a_1	a_2	b_1	b_2
Initial	4 353	818	–	0	1	1	0
1	818	263	5	1	0	−5	1
2	263	29	3	−3	1	16	−5
3	29	2	9	28	−3	−149	16
4	2	1	14	−395	28	2 102	−149
5	1	0	2	818	−395	−4 353	2 102

(例終)

3.4 RSA暗号の実装

RSA暗号を実装する際には，剰余演算からべき剰余演算まで，階層的に設計が行われる。ここでは，効率的な実装の鍵となるモンゴメリー剰余乗算を最初に紹介し，その後いくつかのべき剰余演算について説明する。

3.4.1 モンゴメリー剰余乗算

剰余乗算の高効率実装のために種々のアルゴリズムが提案されている。その代表的なものに，**モンゴメリー剰余乗算**（Montgomery modular multiplication, **MMM**）アルゴリズムがある。アルゴリズム5に示すとおり，このアルゴリズムの最大の特徴は，事前計算 $n' = -n^{-1} \bmod R$ を利用することにより，ステップ2における除算の除数を $R = 2^k$ とできることにある。コンピュータは，2進数に基づいて計算を実行するため，$R = 2^k$ を除数とする除算は，高効率実装に適している。特に，ハードウェア実装では，配線を変更するだけでビット位置を変更できるため，$R = 2^k$ を除数とする除算処理は無視できる。

アルゴリズム 5 モンゴメリー剰余乗算（MMM）

Input: integers $n = (n_{k-1} \ \ldots \ n_1 1)_2$, $X = (x_{k-1} \ \ldots \ x_1 x_0)_2$, $Y = (y_{k-1} \ \ldots \ y_1 y_0)_2$, $R^{-1} \bmod n$, n' with $0 \leqq X, Y < n$, $n' = -n^{-1} \bmod R$, $R = 2^k$.
Output: $XYR^{-1} \bmod n$.
1: $T \leftarrow XY$
2: $T \leftarrow \big(T + (n'T \bmod R)n\big) / R$
3: **if** $T \geqq n$ **then**
4: $\quad T \leftarrow T - n$
5: **end if**
6: return S

剰余乗算の結果が，$XY \bmod n$ ではなく，$XYR^{-1} \bmod n$ となっていることに注意されたい。剰余乗算の結果に，不要な R^{-1} が乗じられていることがわかる。MMMを用いて，剰余乗算を繰り返し行うと，計算結果に不要な R^{-1} が何度も乗じられてしまう。こういった不都合を回避するために，MMMにおける二つの入力値を，事前に**モンゴメリー形式**（Montgomery representation）とすることが提案されている。モンゴメリー形式とは，ある数値を R で乗じたときの剰余であり，X, Y のモンゴメリー形式 $\widehat{X}, \widehat{Y}$ は，それぞれ，$\widehat{X} \equiv XR$，$\widehat{Y} \equiv YR$ である。$\widehat{X}, \widehat{Y}$ に対する MMM の結果は，$\widehat{X}\widehat{Y}R^{-1} \equiv XYR \equiv \widehat{XY}$ から，結果もまた XY に対するモンゴメリー形式になることがわかる。つまり，繰り返し MMM を実行しても，結果はつねにモンゴメリー形式となり，R をなくす処理を最後に 1 回行うだけで，$XY \bmod n$ が得られる。

演習問題 12.　$k = 4$，$n = 15$，$X = 11$，$Y = 13$ のとき，アルゴリズム 5 を用いて，$XYR^{-1} \bmod n$ を求めよ。　(問終)

演習問題 13.　アルゴリズム 5 において，ステップ 3, 4 の処理（最後の減算処理）が必要な理由を述べよ。また，$0 \leqq X, Y < 2n$，$R > 4n$ を満たすように X, Y, R の条件を変更すれば，最後の減算処理は不要となることを確認せよ。　(問終)

演習問題 14.　モンゴメリー形式への変換処理の実現法について議論せよ。また，モンゴメリー形式を元の形式に変換する手順はどのように実現できるか示せ。　(問終)

3.4.2 加算器を用いたモンゴメリー剰余乗算

MMM は，加算器を用いることで簡単に実現することができる。アルゴリズム 6 は，x を 1 ビットずつ調べるビットシリアル型の MMM アルゴリズムである。このアルゴリズムは加算器とシフト演算で構成することができるため，組合せ回路の信号遅延を少なくすることができる。また，アルゴリズム 5 の入力の一つである n^{-1} などの準備が不要となることに留意されたい。なお，アルゴリズム中の qn は，$q = 0$ のときは 0，$q = 1$ のときは n である。$y_i X$ も同様である。

アルゴリズム 6 ビットシリアル型の MMM

Input: integers $n = (n_{k-1} \ \dots \ 1)_2$, $X = (x_{k-1} \ \dots \ x_0)_2$, $Y = (y_{k-1} \ \dots \ y_0)_2$ with $0 \leqq X, Y < n$.
Output: $XYR^{-1} \bmod n$.
1: $T = (t_{k-1} \ \cdots t_0) \leftarrow 0$
2: **for** i from 0 to $k-1$ **do**
3: 　$q \leftarrow t_0 \oplus (x_0 \wedge y_i)$
4: 　$T \leftarrow (T + qn + y_i X)/2$
5: **end for**
6: **if** $T \geqq n$ **then**
7: 　$T \leftarrow T - n$
8: **end if**
9: return T

演習問題 15.　$k = 4$, $n = 15$, $x = 11$, $y = 13$ のとき，アルゴリズム 6 を用いて，$XYR^{-1} \bmod n$ を求めよ。(問終)

3.4.3 乗算器を用いたモンゴメリー剰余乗算

CPU に搭載される乗算器をビルディングブロックとして MMM を構成する方法が考えられる。そのため，ハードウェア実装だけでなく，ソフトウェア実装にも用いることができる。アルゴリズム 7 は，r ビット乗算器を用いて，n ビット乗算とリダクションの処理を行う MMM（bit–serial MMM）アルゴリズムである。ここで，$k > r$ であり，r には，32 や 64 などの汎用の乗算器や DSP

アルゴリズム 7 乗算器を用いたモンゴメリー剰余乗算（MMM）

Input: integers $n = (n_{r-1} \ \dots \ n_1 n_0)_{2^m}$, $X = (x_{r-1} \ \dots \ x_1 x_0)_{2^m}$, $Y = (y_{r-1} \ \dots \ y_1 y_0)_{2^m}$ with $m = \lceil k/r \rceil$, $0 \leqq X, Y < n$, $\gcd(n_0, 2) = 1$.
Output: $XYR^{-1} \bmod n$.
1: $T \leftarrow 0$
2: **for** i from 0 to $m-1$ **do**
3: 　$q \leftarrow (T + x_0 y_i) n' \bmod 2^k$
4: 　$T \leftarrow (T + qn + y_i X)/2^k$
5: **end for**
6: **if** $T \leftarrow n$ **then**
7: 　$T \leftarrow T - n$
8: **end if**
9: Return T

演算器のサイズが選ばれることが多い。汎用の乗算器や DSP 演算器は，高度に最適化された専用回路であるため，アルゴリズムで利用することのメリットは大きい。

例 18. $X = ($`f3 d7 2f 88`$)$，$Y = ($`f6 c6 ba 98`$)$，$n = ($`f9 81 89 2b`$)$ のとき，8 ビット乗算器を用いてアルゴリズム 7 に示すモンゴメリー剰余乗算を行うと，**表 3.6** のとおりとなる。

表 3.6 8 ビット乗算器を用いたモンゴメリー剰余乗算の計算例

i	q	T	$\leftarrow$	$T + qn + y_i X$
Initial	–	(00 00 00 00 00)		
0	c0	(01 3e 3a ba 01)	$\leftarrow$	(01 3e 3a ba 01 00)
1	c5	(00 ee 8d 65 8a)	$\leftarrow$	(00 ee 8d 65 8a 00)
2	6a	(01 37 7f 16 e7)	$\leftarrow$	(01 37 7f 16 e7 00)
3	f3	(01 d8 4c 17 69)	$\leftarrow$	(01 d8 4c 17 69 00)
–	–	(00 de ca 8e 3e)		–

(例終)

3.4.4 バイナリ法によるべき剰余演算

RSA 法を実装する際，べき剰余演算が必要となる。この際，アルゴリズム 8, 9 にまとめた**バイナリ法**（binary method）が有名である。バイナリ法には，**右向きバイナリ法**（left–to–right binary method あるいは MSB–first binary method）と**左向きバイナリ法**（right–to–left binary method あるいは LSB–

アルゴリズム **8** 右向きバイナリ法

Input: non–negative integers c, $d = (d_{t-1} \cdots d_1 d_0)_2$.
Output: $c^d \bmod n$.

1: $T \leftarrow 1$
2: **for** i from $t-1$ down to 0 **do**
3: $\quad T \leftarrow T^2 \bmod n$
4: $\quad$ **if** $d_i = 1$ **then**
5: $\qquad T \leftarrow cT \bmod n$
6: $\quad$ **end if**
7: **end for**
8: Return T

アルゴリズム 9 左向きバイナリ法

Input: non–negative integers c, $d = (d_{t-1} \cdots d_1 d_0)_2$.
Output: $c^d \bmod n$.
1: $S \leftarrow 1$, $T \leftarrow c$
2: **for** i from 0 to $t-1$ **do**
3: 　**if** $d_i = 1$ **then**
4: 　　$S \leftarrow ST \bmod n$
5: 　**end if**
6: 　$T \leftarrow T^2 \bmod n$
7: **end for**
8: Return S

first binary method）がある。それぞれのアルゴリズムで，2 進展開した指数 d に対して，ビット値の評価順が異なることに注意されたい。ここでは，RSA 法での復号処理 $c^d \bmod n$ を意識してアルゴリズムを記述する。つまり，c を暗号文，n を公開鍵，d は t ビットのプライベート鍵と見る。

例 19. $9^7 \bmod 55$ は，バイナリ法によりつぎのように求めることができる。まず，$c = 9$，$d = 7$，$n = 55$ である。d は 2 進法で表現すると，$d = (111)_2$ となる。これにより，d は 3 ビットで表すことができるとわかる（$t = 3$）。以下，アルゴリズム 8, 9 に従って，計算を進めた結果を**表 3.7** に示す。

表 3.7 バイナリ法（$c = 9$，$d = 7$，$n = 55$ の場合）

右向き	i	–	2	1	0
	d_i	–	1	1	1
	T	1	$c \equiv 9$	$c^3 \equiv 14$	$c^7 \equiv 4$
左向き	i	–	0	1	2
	d_i	–	1	1	1
	S	1	$c \equiv 9$	$c^3 \equiv 14$	$c^7 \equiv 4$
	T	$c \equiv 9$	$c^2 \equiv 26$	$c^4 \equiv 16$	$c^8 \equiv 36$

(例終)

この例の場合，どちらのアルゴリズムでも剰余乗算を 3 回，剰余 2 乗算を 3 回実行するため，処理時間は等しい。右向きバイナリ法では，固定値 c と途中計算を格納するためのメモリ T を用いて計算を実行する。一方，左向きバイナリ法では，2 種類の途中計算を格納するためのメモリ（S と T）が必要である。

剰余乗算を MM，剰余 2 乗算を MS で表すと，右向きバイナリ法は，MS → MM → MS→ MM → MS → MM という順で計算処理される。一方，左向きバイナリ法は，MM → MS → MM → MS → MM → MS という計算順序となる。もし，MM と MS の演算時間が異なり，アルゴリズムでの処理と計算処理のタイミングから MM と MS の計算順序がわかると，秘密情報が特定できてしまう。この攻撃を**タイミング解析**（timing analysis，**TA**）と呼ぶ。最初に提案されたサイドチャネル攻撃は，このタイミング解析に基づくものであり，現在では，7 章で紹介するキャッシュタイミング攻撃へと展開されている。

例 20. RSA 暗号のべき剰余演算で，オイラーの定理 (3.19) を応用することで，タイミング攻撃の対抗策となりうることが知られている。例えば，復号処理 c^d におけるべき指数 d を，乱数 r を用いて $d' = d + r\varphi(n)$ とした場合を考える。

$$c^{d+r\varphi(n)} \equiv c^d (c^{\varphi(n)})^r \equiv c^d, \tag{3.20}$$

から，$c^{d'} \equiv c^d$ であることがわかる。このように，乱数を適切に選ぶことでべき指数がランダムに変化するため，タイミング解析による d に関する情報の漏えいを防ぐことができる。乱数を大きくするほど攻撃の耐性は高くなるが，べき剰余演算の計算量が増えてしまう。なお，後述する ECC についても同様の対策を実装することができる。 (例終)

演習問題 16. 右向きバイナリ法と左向きバイナリ法を用いて，$c^{61} \bmod n$ の計算を行う場合，以下の表を c のべき乗表現を用いて完成せよ。

右向き	i	–	5	4	3	2	1	0
	d_i	–						
	T	1						
左向き	i	–	0	1	2	3	4	5
	d_i	–						1
	S	1						
	T	c						

(問終)

3.4.5 ダミー演算付きバイナリ法

バイナリ法は，タイミング攻撃により d の値が特定される危険性があることは述べた。ここでは，種々のタイミング攻撃に対するべき剰余アルゴリズムを紹介し，それぞれについて特徴を考察していく。

タイミング攻撃に対する耐性強化のためには，評価する鍵のビット値（d_i）にかかわらず，剰余乗算と剰余 2 乗算が規則的に出現するようなアルゴリズムが望ましい。これを実現するために，右向きバイナリ法と左向きバイナリ法にダミー演算を加えたアルゴリズム 10, 11 がある。

アルゴリズム 10 ダミー演算付き右向きバイナリ法

Input: non–negative integers c, $d = (d_{t-1} \cdots d_1 d_0)_2$.
Output: $c^d \bmod n$.
```
 1: T ← 1
 2: for i from t − 1 down to 0 do
 3:    T ← T^2 mod n
 4:    if d_i = 1 then
 5:       T ← cT mod n
 6:    else
 7:       D ← cT mod n
 8:    end if
 9: end for
10: Return T
```

アルゴリズム 11 ダミー演算付き左向きバイナリ法

Input: non–negative integers c, $d = (d_{t-1} \cdots d_1 d_0)_2$.
Output: $c^d \bmod n$.
```
 1: S ← 1, T ← c
 2: for i from 0 to t − 1 do
 3:    if d_i = 1 then
 4:       S ← ST mod n
 5:    else
 6:       D ← ST mod n
 7:    end if
 8:    T ← T^2 mod n
 9: end for
10: Return S
```

ダミー演算付き右向きバイナリ法では，ステップ 7 の MM 演算結果は変数 D に格納されるが，その後の処理で使われることはない。**ダミー演算付き左向**

きバイナリ法では，ステップ 6 の MM 演算はダミー演算である。このようにダミー演算をアルゴリズムに追加することで，d_i の値にかかわらず，1 回の for ループで MM 演算と MS 演算が 1 回ずつ実行されていることがわかる。

これによって，MM 演算と MS 演算の計算時間が異なる場合でも，タイミング解析により d の値を特定される危険性が低減されることが期待できる。

べき剰余演算の高速化を図る目的で，ハードウェア実装では複数の演算を並列処理することがある。例えば，アルゴリズム 11 のダミー付き左向きバイナリ法では，アルゴリズム 12 に示すように，MM 演算と MS 演算を同時に実行することが可能である。ステップ 4 における変数 S, T の更新タイミングにおいて，例えば T の更新が先であると正しい出力結果が得られない。したがって，ここでいう並列処理では，MM 演算と MS 演算が同時に行われ，それぞれの結果が格納されるタイミングもまた同時である。

アルゴリズム **12** ダミー演算付き左向きバイナリ法の並列処理

Input: non–negative integers c, $d = (d_{t-1} \cdots d_1 d_0)_2$.
Output: $c^d \bmod n$.
1: $S \leftarrow 1$, $T \leftarrow c$
2: **for** i from 0 to $t-1$ **do**
3:     **if** $d_i = 1$ **then**
4:         $S \leftarrow ST \bmod n$, $T \leftarrow T^2 \bmod n$
5:     **else**
6:         $D \leftarrow ST \bmod n$, $T \leftarrow T^2 \bmod n$
7:     **end if**
8: **end for**
9: Return S

演習問題 17. アルゴリズム 10 のダミー演算付き右向きバイナリ法では，剰余乗算と剰余 2 乗算を並列化できない。この理由を述べよ。　(問終)

3.4.6 モンゴメリーラダー法によるべき剰余演算

鍵を右向きに評価していくアルゴリズムの中で，MM 演算と MS 演算の並列処理を用いたものに**モンゴメリーラダー法**（Montgomery powering ladder method）と呼ばれるアルゴリズムがある。

例 21.　モンゴメリーラダー法を用いて $9^7 \bmod 55$ を計算する。アルゴリズム 13 に従って計算を進めた結果は，**表 3.8** のとおりとなり，答えは 4 となる。

アルゴリズム 13 モンゴメリーラダー法

Input: non–negative integers c, $d = (d_{t-1} \cdots d_1 d_0)_2$.
Output: $c^d \bmod n$.

```
1: S ← 1, T ← c
2: for i from t − 1 to 0 do
3:     if d_i = 1 then
4:         S ← ST mod n, T ← T^2 mod n
5:     else
6:         T ← TS mod n, S ← S^2 mod n
7:     end if
8: end for
9: Return S
```

表 3.8　モンゴメリーラダー法（$c = 9$, $d = 7$, $n = 55$ の場合）

i	–	2	1	0
d_i	–	1	1	1
S	1	$c \equiv 9$	$c^3 \equiv 14$	$c^7 \equiv 4$
T	$c \equiv 9$	$c^2 \equiv 26$	$c^4 \equiv 16$	$c^8 \equiv 36$

(例終)

演習問題 18.　アルゴリズム 13 の出力が $c^d \bmod n$ となることを証明せよ。 (問終)

演習問題 19.　モンゴメリーラダー法を用いて，$c^{61} \bmod n$ の計算を行う場合，以下の表を c のべき乗表現を用いて完成せよ。

i	–	5	4	3	2	1	0
d_i	–						
S	1						
T	c						

(問終)

演習問題 20.　モンゴメリーラダー法では，つねに $T = cS \bmod n$ となる。このことを証明せよ。 (問終)

3.4.7 k–ary 法によるべき剰余演算の高速化

右向きバイナリ法をさらに高速化するためのアルゴリズムである**右向き k–ary 法**について説明する。このアルゴリズムでは，指数 d を 1 ビットずつ評価するのではなく，一度に複数ビット（k ビット）を同時に評価する。そのために，$c^2 \bmod n$, $c^3 \bmod n$, ..., $c^{2^k-1} \bmod n$ を**事前計算**（precomputation）しておく必要がある。事前計算と右向きバイナリ法のアルゴリズムをアルゴリズム 14, 15 に示す。

アルゴリズム **14** k–ary 法における事前計算

Input: non–negative integers, n, k, c.
Output: $c^i \bmod n$ $(i = 0, 1, \ldots, 2^k - 1)$.
1: $c_0 \leftarrow 1$, $c_1 \leftarrow c$
2: **for** i from 2 to $2^k - 1$ **do**
3: 　$c_i \leftarrow cc_{i-1} \bmod n$
4: **end for**
5: Return c_i

アルゴリズム **15** 右向き k–ary 法を用いたべき剰余演算アルゴリズム

Input: non–negative integers n, c_i $(i = 0, 1, \ldots, 2^k - 1)$, $d = (d_{u-1} \cdots d_1 d_0)_{2^k}$ with $u = \lceil t/k \rceil$.
Output: $c^d \bmod n$.
1: $T \leftarrow 1$
2: **for** i from $u - 1$ down to 0 **do**
3: 　$T \leftarrow T^{2^k} \bmod n$
4: 　$T \leftarrow c_{d_i} T \bmod n$
5: **end for**
6: Return T

このアルゴリズムでは，事前計算に $2^k - 2$ 回の MM 演算が必要である。また，べき剰余においては，ku 回の MS 演算と u 回の MM 演算が必要となる。ここで，$u = \lceil t/k \rceil$ である。一般に，k の値が大きくなると，事前計算の計算量が増え，メモリコストは増加するが，べき剰余演算において u の値が小さくなるため，MM 演算回数が少なくなる。つまり，このアルゴリズムは，実装において使用するメモリ量と処理速度のトレードオフと見ることができる。

演習問題 21.　d が 2 048 ビットの場合，事前計算の計算量を含めてアルゴリズム 14, 15 の MM 演算と MS 演算の総数が最少となるような k を求めよ。また，d が 4 096 ビットの場合においても同様に k を求めよ。　(問終)

3.5 ECC の 実 装

ECC における主要な計算は，すでに，3.1.2 項で述べたとおり，スカラー倍算である。現在，広く利用されている ECC は，素体 GF(p) 上と GF(2) の m 次拡大体 GF(2^m) 上のスカラー倍算を利用するものが多い。GF(p) 上の ECC のスカラー倍算の実装では，RSA 暗号の実装で使われるアルゴリズムの多くをそのまま利用することができる。GF(2^m) 上の ECC では，基本となる剰余演算のアルゴリズムや使われる楕円曲線が異なる。ここでは，これらの演算を実現する実装技術について説明する。

3.5.1 GF(p) 上の ECC

GF(p) 上の楕円曲線は，

$$E : y^2 = x^3 + ax + b, \tag{3.21}$$

で与えられる。ここで，$a, b \in \mathrm{GF}(p)$ であり，$(4a^3 + 27b^2) \bmod p \neq 0$ である。ECC の演算では，楕円曲線 E 上の有理点と無限遠点 $\mathcal{O}$ からなる集合を考える。ある点 $P(x, y)$ に対するスカラー倍算 kP を求めるには，点加算と点の 2 倍算が必要である。

楕円曲線 E 上の点 $P = (x_1, y_1)$ に対して，点の逆元は $-P = (x_1, -y_1)$ となり，$P + (-P) = \mathcal{O}$ である。ここで，楕円曲線上の $P \neq \pm Q$ なる 2 点 $P = (x_1, y_1)$，$Q = (x_2, y_2)$ に対して，点加算 $R = P + Q$ を考える。点加算の結果 $R = (x_3, y_3)$ は，つぎの式で与えられる。

$$\alpha = \frac{y_2 - y_1}{x_2 - x_1},$$
$$x_3 = \alpha^2 - x_1 - x_2,$$
$$y_3 = (x_1 - x_3)\alpha - y_1. \tag{3.22}$$

また，$P = Q$ のとき，点加算は点の 2 倍算 $R = 2P$ となり，つぎの式で与えられる。

$$\beta = \frac{3x_1^2 + a}{2y_1},$$
$$x_3 = \beta^2 - 2x_1,$$
$$y_3 = (x_1 - x_3)\beta - y_1. \tag{3.23}$$

ここで，点の 2 倍算のみ楕円曲線の係数 a に依存していることに留意されたい。つまり，点加算の結果は，楕円曲線の係数に依存しない。

スカラー倍算は，RSA 暗号でのべき剰余演算と同様に，右向きバイナリ法（アルゴリズム 16）と左向きバイナリ法（アルゴリズム 17），モンゴメリーラダー法（アルゴリズム 18）により計算することができる。

アルゴリズム **16** 右向きバイナリ法

Input: point $P = (x, y)$ and non–negative integer $k = (k_{l-1}k_{l-2}\cdots k_0)_2$.
Output: $Q = kP$.
1: $Q \leftarrow \mathcal{O}$
2: **for** i from $l-1$ down to 0 **do**
3: $\quad Q \leftarrow 2Q$
4: $\quad$**if** $k_i = 1$ **then**
5: $\quad\quad Q \leftarrow Q + P$
6: $\quad$**end if**
7: **end for**
8: Return Q

楕円曲線を表現する座標系として，大きく二つある。式 (3.22) と式 (3.23) では，そのうちの一つであるアファイン座標系が使われている。もう一つの代表的な座標系は，**射影座標系**（projective coordinate）と呼ばれるもので，(X, Y, Z) を用いて表す。ここで，$Z \neq 0$ とする。基本的な射影座標系は，$(x, y) = (X/Z, Y/Z)$

アルゴリズム 17 左向きバイナリ法

Input: point $P = (x, y)$ and non–negative integer $k = (k_{l-1}k_{l-2}\cdots k_0)_2$.
Output: $Q = (x', y') = kP$.

1: $Q \leftarrow \mathcal{O}, S \leftarrow P$
2: **for** i from 0 to $l-1$ **do**
3: 　**if** $k_i = 1$ **then**
4: 　　$Q \leftarrow Q + S$
5: 　**end if**
6: 　$S \leftarrow 2S$
7: **end for**
8: Return Q

アルゴリズム 18 モンゴメリーラダー法

Input: point P and a non–negative integer $k = (1k_{l-2}\cdots k_1k_0)_2$.
Output: kP.

1: $Q \leftarrow P$, $S \leftarrow 2P$
2: **for** i from $l-2$ down to 0 **do**
3: 　**if** $k_i = 1$ **then**
4: 　　$Q \leftarrow Q + S$, $S \leftarrow 2S$
5: 　**else**
6: 　　$S \leftarrow S + Q$, $Q \leftarrow 2Q$
7: 　**end if**
8: **end for**
9: Return Q

とするものである。このとき，式 (3.21) の楕円曲線 E は，つぎのように変形できる。

$$E : Y^2Z = X^3 + aXZ^2 + bZ^3\,. \tag{3.24}$$

$P \neq \pm Q$ のときの 2 点の和，つまり点加算 $P + Q$ の結果 $R = (X_3, Y_3, Z_3)$ は，つぎの式で与えられる。

$$U = Y_2Z_1 - Y_1Z_2\,,$$

$$V = X_2Z_1 - X_1Z_2\,,$$

$$A = U^2Z_1Z_2 - V^3 - 2V^2X_1Z_2\,,$$

$$X_3 = VA\,,$$

$$Y_3 = U(V^2X_1Z_2 - A) - V^3Y_1Z_2\,,$$

$$Z_3 = V^3 Z_1 Z_2 \,. \tag{3.25}$$

$P = Q \neq \mathcal{O}$ のとき，つまり点の 2 倍算 $R = 2P$ の場合の R は，つぎの式で与えられる。

$$\begin{aligned} W &= aZ^2 + 3X_1^2 \,, \\ S &= Y_1 Z_1 \,, \\ B &= XYS \,, \\ H &= W^2 - 8B \,, \\ X_3 &= 2HS \,, \\ Y_3 &= W(4B - H) - 8Y_1^2 S^2 \,, \\ Z_3 &= 8S^3 \,. \end{aligned} \tag{3.26}$$

アファイン座標系の場合と比べ，点加算と点の 2 倍算に除算がないことがわかる。つまり，素体における乗法逆元が不要である。一般に，乗法逆元が不要な点の演算アルゴリズムでは，剰余乗算の回数が多くなることが多い。つまり，計算量の多い乗法逆元を，計算量の少ない剰余乗算にうまく置き換えられた結果とも解釈できる。確かに，乗法逆元をフェルマーの小定理を用いて計算すると，p が 256 ビットだと，256 回の MS 演算と HW(p) 回の MM 演算が必要となる†。ただし，3.3.3 項で紹介したとおり，乗法逆元は拡張ユークリッド法で求めることができる。もし，高速な拡張ユークリッド法を実装することができれば，射影座標系の導入による計算量削減の効果は小さくなる。

重み付き射影座標系として，例えば，$(x, y) = (X/Z^2, Y/Z^3)$ とする**ヤコビアン座標系**（Jacobian coordinate）が有名である。楕円曲線 E は，ヤコビアン座標系を用いると，つぎのように変形できる。

$$E : Y^2 = X^3 + aXZ^4 + bZ^6 \,. \tag{3.27}$$

† バイナリ法を用いた場合。

ヤコビアン座標系を用いた点加算と点の 2 倍算でも，除算を必要としない。なお，射影座標において，無限遠点は $X = Z = 0$ の点と定義する。そのため，点の演算によって，無限遠点の扱いを特別に扱う必要がなくなり，実装において無限遠点を判定する処理が不要となる。

演習問題 22.　アファイン座標系から射影座標系への変換と，射影座標系からアファイン座標系への変換に必要な計算コストをそれぞれ求めよ。　(問終)

3.5.2　GF(2^m) 上の ECC

一般に，GF(2^m) 上の楕円曲線は，つぎの式で与えられる。

$$E : y^2 + xy = x^3 + ax^2 + b\,, \tag{3.28}$$

ここで，$a, b \in$ GF(2^m)，$b \neq 0$ である。GF(p) 上の ECC と同様に，スカラー倍算を計算するために，点加算と点の 2 倍算の式が与えられる。ただし，GF(p) 上の算術演算と異なり，**基底**（basis）によりいくつかの異なる表現が用いられる。例えば，**多項式基底**（polynomial basis）や正規基底などは多用される基底である。基底は，ソフトウェアおよびハードウェアの実装コストや処理性能に大きな影響を及ぼすものである。有限体 GF(2^m) については，すでに 2.3 節で詳細に説明したとおりであるが，ここでは復習の意味も込めてもう一度紹介する。

α を m 次の既約多項式 $P(x)$ の根とする。つまり，$P(\alpha) = 0$ である。このとき，GF(2^m) の多項式基底は，$\{1, \alpha, \alpha^2, \ldots, \alpha^{m-1}\}$ で与えられる。したがって，GF(2^m) の元は $(m-1)$ 次の x の多項式の係数を用いて，

$$\sum_{i=0}^{m-1} a_i x^i = a_{m-1}x^{m-1} + a_{m-2}x^{m-2} + \cdots + a_0\,, \tag{3.29}$$

と表すことができる。ここで，$a_i \in \{0, 1\}$ である。

例えば，$m = 4$ のとき，GF(2^4) の元の数は 16 であり，3 次多項式 $a_3x^3 + a_2x^2 + a_1x + a_0$ の係数 4 ビットで表すことができる。

例 22. $GF(2^4)$ 上の加算 $(x^2+1)+(x^3+1)$ は，以下のように求めることができる。

$$(x^2+1)+(x^3+1)=x^3+x^2\,.$$

なお，16 進表記の場合には，

$$\mathsf{5}+\mathsf{9}=\mathsf{a}\,,$$

と書く。 (例終)

例 23. $GF(2^4)$ 上の乗算 $(x^2+1)\times(x^3+1)$ は，既約多項式が $P(x)=x^4+x^3+1$ の場合に，以下のように計算できる。

$$\begin{aligned}&(x^2+1)\times(x^3+1) \bmod P(x)\\&=\left\{(x+1)P(x)+x^2+x\right\} \bmod P(x)\\&=\ x^2+x\,.\end{aligned}$$

16 進表記の場合には，

$$\mathsf{5}\times\mathsf{9}=\mathsf{6}\,,$$

となる。 (例終)

一方，$GF(2^m)$ の正規基底は，$\{\alpha,\alpha^2,\alpha^{2^2},\ldots,\alpha^{2^{m-1}}\}$ で与えられる。このとき，$GF(2^m)$ の元は α のべきを用いて

$$\sum_{i=0}^{m-1} b_i\alpha^{2^i}=b_{m-1}\alpha^{2^{m-1}}+b_{m-2}\alpha^{2^{m-2}}+\cdots+b_0\alpha^{2^0}\,, \tag{3.30}$$

と書くことができる。ただし，$b_i\in\{0,1\}$ である。なお，

$$\alpha^{2^m-1}=1 \bmod P(\alpha)\,. \tag{3.31}$$

である。

正規基底の元を表現する方法は，式 (3.30) の係数を順に並べたベクトル表現 $(b_{m-1},b_{m-2},\ldots,b_1,b_0)$ である。$GF(2^4)$ 上の加算を正規基底で行う場合，例

えば $\alpha^7+\alpha^{11}$ は，正規基底におけるベクトルの要素に対して GF(2) の加算を行えばよい。つまり，

$$\alpha^7+\alpha^{11}=(1,1,0,0)+(0,1,1,0)=(1,0,1,0),$$

となる。なお，既約多項式が $P(x)=x^4+x^3+1$ のとき，$P(\alpha)=\alpha^4+\alpha^3+1=0$ であるため，$\alpha^7+\alpha^{11}=\alpha^7(1+\alpha^4)=\alpha^{10}$ となり，上記の検算ができる。

正規基底を使う一番のメリットは，2 乗算である。**表 3.9** からわかるように，(b_3,b_2,b_1,b_0) の 2 乗は，(b_2,b_1,b_0,b_3) である。より正確には，以下の関係式が成立する。

$$\begin{aligned}
&\left(b_{n-1}\alpha^{2^{n-1}}+b_{n-2}\alpha^{2^{n-2}}+\cdots+b_0\alpha^{2^0}\right)^2\\
&=b_{n-1}\alpha^{2^n}+b_{n-2}\alpha^{2^{n-1}}+\cdots+b_0\alpha^{2^1}\\
&=b_{n-2}\alpha^{2^{n-1}}+\cdots+b_0\alpha^{2^1}+b_{n-1}\alpha^{2^0}. \qquad (3.32)
\end{aligned}$$

つまり，**左ローテーション**（left rotation）だけで 2 乗算が実現できるため，ソフトウェア実装およびハードウェア実装でメリットがある。

表 3.9　GF(2^4) における元の表現，$P(x)=x^4+x^3+1$

16 進	多項式基底	べき	正規基底 (b_3,b_2,b_1,b_0)
0	0	0	(0, 0, 0, 0)
1	1	1	(1, 1, 1, 1)
2	x	α	(0, 0, 0, 1)
4	x^2	α^2	(0, 0, 1, 0)
8	x^3	α^3	(1, 0, 1, 1)
9	x^3+1	α^4	(0, 1, 0, 0)
b	x^3+x+1	α^5	(0, 1, 0, 1)
f	x^3+x^2+x+1	α^6	(0, 1, 1, 1)
7	x^2+x+1	α^7	(1, 1, 0, 0)
e	x^3+x^2+x	α^8	(1, 0, 0, 0)
5	x^2+1	α^9	(1, 1, 0, 1)
a	x^3+x	α^{10}	(1, 0, 1, 0)
d	x^3+x^2+1	α^{11}	(0, 1, 1, 0)
3	$x+1$	α^{12}	(1, 1, 1, 0)
6	x^2+x	α^{13}	(0, 0, 1, 1)
c	x^3+x^2	α^{14}	(1, 0, 0, 1)

しかしながら，正規基底における乗算は，多項式基底での乗算と比べて計算コストは高いとされている。例えば，$\alpha^7 \times \alpha^{11}$ の場合は，

$$\alpha^7 \times \alpha^{11} = \ (1,1,0,0) \times (0,1,1,0) = \ \alpha^{12} + \alpha^{10} + \alpha^8 + \alpha^6,$$

となり，リダクション後に $(1,0,1,1)$ を得る。

多項式基底と正規基底の関係は，べき表現 $0, 1, \alpha, \alpha^2, \ldots, \ldots, \alpha^{2^{m-1}}$ を介すると理解しやすい。例えば，べき表現の α^6 は，

$$\alpha^6 = (\alpha^2 + \alpha + 1)P(\alpha) + \alpha^3 + \alpha^2 + \alpha + 1 = \alpha^3 + \alpha^2 + \alpha + 1,$$

となるため，多項式基底の表現では $x^3 + x^2 + x + 1$ となる。一方，つぎのように変形することもできる。

$$\alpha^6 = \alpha^5 + \alpha^2 = \alpha^4 + \alpha + \alpha^2 .$$

つまり，正規基底の表現では $(0,1,1,1)$ となる。$\mathrm{GF}(2^4)$ における各表現を，表 3.9 にまとめる。

引用・参考文献

1) W. Diffie and M.E. Hellman：“New directions in cryptography,” *IEEE Transactions on Information Theory*, Vol.22, pp.644–654 (1976)
2) M.D. Ercegovac and T. Lang：Digital Arithmetic, Morgan Kaufmann (2003)
3) R.L. Rivest, A. Shamir and L. Adleman：“A method for obtaining digital signatures and public–key cryptosystems,” *Communications of the ACM*, Vol.21, No.2, pp.120–126 (1978)
4) 下山武司, 伊豆哲也, 小暮　淳, 安田雅哉：“楕円曲線暗号と RSA 暗号の安全性比較,” 2010 年暗号と情報セキュリティシンポジウム (SCIS2010), 1D2–6 (2010)
5) 宮地充子：代数学から学ぶ暗号理論：整数論の基礎から楕円曲線暗号の実装まで, 日本評論社 (2012)
6) P. Kocher：“Timing attacks on implementations of Diffie–Hellman, RSA, DSS and other systems,” in N. Koblitz (Ed.), in CRYPTO 1996, pp.104–113 (1996)

7) N. Koblitz：“Elliptic curve cryptosystem,” *Math. Comp.*, Vol.48, pp.203–209 (1987)
8) V. Miller：“Uses of elliptic curves in cryptography,” in H.C. Williams (Ed.), in CRYPTO 1985, pp.417–426 (1985)
9) A. Menezes, P. van Oorschot and S. Vanstone：Handbook of Applied Cryptography, CRC Press (1997)
10) P. Montgomery：“Modular multiplication without trial division,” *Math. Comp.*, Vol.44, No.170, pp.519–521 (1985)
11) P. Montgomery：“Speeding the Pollard and elliptic curve methods of factorization,” *Math. Comp.*, Vol.48, No.177, pp.243–264 (1987)

4 暗号モジュールへの脅威と対策

本章では，つづく5章のテーマである暗号モジュールへの物理攻撃について説明する前に，その準備としてその背景を説明する。まず，4.1節では，物理攻撃とはどのようなものか述べる。つぎに4.2節では，暗号モジュールとはなにか，またどのような場面で利用されるかを述べる。暗号モジュールは，しばしば，「ユーザ＝攻撃者」となる環境で利用される。そのようなユースケースについて4.3節で述べる。さらにつづいて4.4節では，どのように物理攻撃に対する安全性評価と対策を行うべきかについて述べる。

4.1 物理攻撃とは

暗号アルゴリズムの安全性は厳密に定義されている。すなわち，攻撃者の能力と，安全であるとはなにかが形式的に与えられている。暗号アルゴリズムの多くは，安全であることに数学的な証明が与えられている。また，証明ができないアルゴリズムについても，既知の攻撃が存在しないことが監視・確認されている。

暗号アルゴリズムが想定する攻撃者は，通信路を介した盗聴・改ざんをモデルにしている。一方，暗号アルゴリズムを実装した機器のユースケースによっては，攻撃者が機器に物理的にアクセスできる場合がある。もし，物理的なアクセスによって，暗号アルゴリズムが保証する範囲外の情報がリークしてしまったら，暗号アルゴリズム設計時に想定されていた安全性は成り立たなくなる。そのように，物理的なアクセスに基づく暗号解読法を**物理攻撃**（physical attack）と呼ぶ。

物理攻撃のイメージをつかんでもらうために，古典的ではあるが現在も深刻な脅威であるプロービング攻撃の説明をする。**プロービング攻撃**（probing attack）とは，暗号を計算する計算機の信号線に電極（プローブ，probe）を当て，その線に流れるデータを読み取ることで行う攻撃である。**図 4.1** は，CPU と不揮発メモリをプリント基板上で結線した機器の構成図である。パソコンやスマートフォンを含む，多くの機器がこの構成をとる。

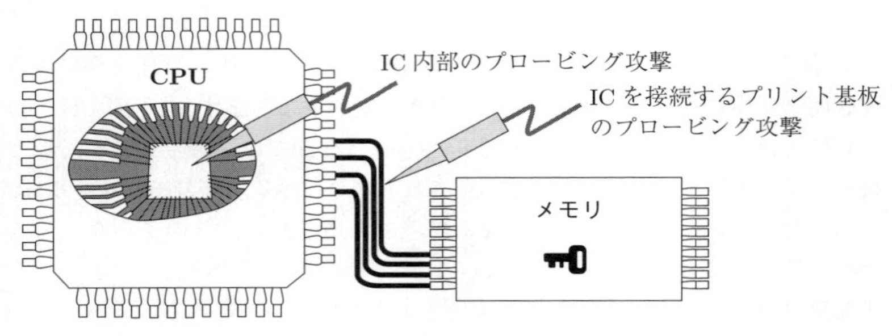

図 **4.1**　プロービング攻撃

CPU は，電源オフ時に記憶を保持できない。そのため，再起動後も利用したいデータは，フラッシュメモリやハードディスクなどの不揮発メモリに保存しなくてはならない。鍵などの秘密情報も例外ではない。図 4.1 に示す機器において，CPU で暗号処理を行うためには，不揮発メモリから CPU へ，鍵を転送する必要がある。その際，プリント基板上の信号線（電線）を秘密鍵が通る。もし攻撃者が信号線にプローブ（電極）を当てることができれば，信号線を流れる秘密鍵を直接読み取ることができる。鍵を直接盗み取る攻撃であるため，攻撃の成否は，暗号アルゴリズムの強度とは無関係である。「秘密鍵は安全に保管されなくてはいけない」という前提を崩すことで，暗号実装を攻撃したと考えることもできる。

表 4.1 の分類に基づき，いくつかの物理攻撃を以下で説明する。

プロービング攻撃　　すでに説明したとおり，信号線にプローブを当て，秘密情報を読み取る攻撃がプロービング攻撃である。プリント基板上のプロービング攻撃はきわめて容易である。そこで，攻撃を防ぐために，暗号処理に必要

表 4.1 攻撃の分類

脅威	侵襲型 (invasive)	準侵襲型 (semi–invasive)	非侵襲型 (non–invasive)
秘匿性	プロービング攻撃	–	サイドチャネル攻撃
完全性	プロービング攻撃	フォールト攻撃	–

な CPU や不揮発メモリを 1 チップに集約することがある。チップの中は極小の世界であるため，プロービングの難易度は格段に上がる。しかし，チップのパッケージを開封し，チップ内の配線に極小のプローブを当てる攻撃も存在する。そのような攻撃もまたプロービング攻撃と呼ぶ（図 4.1 を参照）。チップ内のプロービングを行うためには，削ったり・溶かしたりするなどしてチップ内部に侵入するため，**侵襲型攻撃**（invasive attack）と呼ばれる。プロービング攻撃により，信号線を流れるデータを盗み見ることは，秘匿性への攻撃になる。また，プローブを介して電気信号を挿入することで，信号線に流れるデータを改変することもできる。それは，完全性への攻撃になる。

フォールト攻撃　**フォールト攻撃**（fault attack）は，暗号モジュールに物理的ストレスを与えて計算誤りを誘発し，計算の誤りパターンから秘密鍵を解析する手法である。物理的なストレスとしては，電源信号やクロックへのパルス挿入，チップへのレーザ照射などが知られている。チップ内部に侵入する必要はないものの，チップになんらかの影響を加えることから，**準侵襲型攻撃**（semi–invasive attack）と呼ばれる。誤りの結果は，通常，チップの内部に保持されたデータの破壊を引き起こす。そのため，完全性への攻撃と分類することができる。

サイドチャネル攻撃　**サイドチャネル攻撃**（side–channel attack，5 章参照）は，計算において副次的に生じる物理変動（消費電力，電磁波，処理時間など）に計算内容がリークすることに基づく攻撃である。この攻撃は完全に受動的であり，対象チップにはなにも影響を与えないため，**非侵襲型攻撃**（non–invasive attack）と呼ばれる。

4.2 暗号モジュールとその利用例

暗号処理に必要な機能をモジュール化した一式のことを**暗号モジュール**（cryptographic module）と呼ぶ。暗号モジュールには，さまざまな実装形態がありうる。一つの例として，暗号をソフトウェアのみで実装する場合を考える。その場合，暗号を実装したソフトウェアやファームウェアに加え，ソフトウェアを動作させる CPU や，CPU が計算中に利用するメモリが暗号モジュールに含まれる。また別の例として，暗号を専用コプロセッサで実現する場合を考える。その場合，専用コプロセッサに加え，コプロセッサを制御する CPU や，コプロセッサを制御するためのファームウェアも暗号モジュールに含まれる。また，AES 暗号や RSA 暗号などの暗号アルゴリズムの実装だけではなく，乱数生成器なども暗号モジュールの一部である。

ソフトウェアやコプロセッサという構成要素を個別に考えるのではなく，暗号モジュールという塊で考える必要があるのは，物理攻撃の脅威があるためである。4.1 節で述べたように，暗号実装は，ハードウェアレベルの盗聴や改ざんを伴う攻撃にさらされる可能性がある。攻撃者は，暗号実装の構成要素を精査し，最弱点に攻撃をしかける。先のプロービング攻撃の例が示すように，たとえ暗号実装が安全であったとしても，秘密鍵を直接読み取る攻撃が可能であれば，セキュリティは損なわれる。すなわち，各構成要素が安全なだけでは不十分であり，暗号モジュール全体として安全性が保たれる必要がある。

暗号モジュールの例として，プリペイド式 IC カードについて述べる。プリペイド式 IC カードのユースケースはつぎのとおりである。ユーザは，IC カードにあらかじめ現金をチャージしておく。その後，店舗や改札機で IC カードをかざすことで，支払いを行うことができる。現金の受け渡しに比べて高速で決済が可能である点に利便性があり，広く利用されている。IC カードは，計算能力をもったチップをカード形状に加工したものであり，暗号モジュールである。

図 4.2 に，IC カードの基本的な構成図を示す。カードは，内部に不揮発メモリをもっており，そこに残高情報が書き込まれている。チャージしたり買い物をしたりするたびに，残高情報が書き換わる。残高情報はお金と同じ価値があるため，攻撃者が自由に書き換えることができてはならない。すなわち，残高情報の書換えは，通信相手の端末が認証された場合のみ許される。一般的な認証方式は，秘密鍵を用いたチャレンジ&レスポンス認証である（2.1.2 項 参照）。

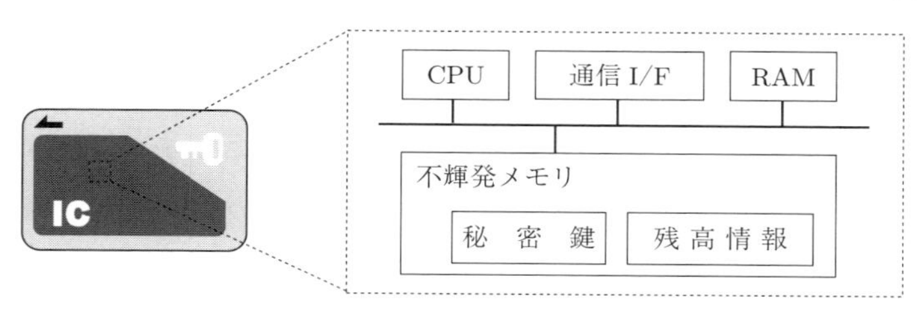

図 4.2 IC カードの構成図

もし攻撃者が事前共有鍵を手に入れてしまったら，正規端末になりすまして自分のカードの残高を増やしたり，他人のカードの残高を減らすことができる。すなわち，認証に用いる秘密鍵が安全に保管されることが，安全性の根幹である。言い換えれば，秘密鍵を安全に保管（鍵管理）するために，IC カードが存在する。秘密鍵は，IC カードの内部の不揮発メモリに書き込まれており，IC カードが正常動作しているかぎり，カード外には露出しない。

4.3 敵性の利用環境

暗号モジュールの正規ユーザが攻撃者となることがよくある。その場合，攻撃者は，物理的にアクセスできる暗号モジュールに対し，あらゆる手を尽くして攻撃をすることができる。そのように，「ユーザ＝攻撃者」となる利用環境のことを，本書では**敵性の利用環境**（hostile environment）と呼ぶ。

前節で述べたプリペイド式 IC カードは，敵性の利用環境の一例である。IC カードのユーザは，秘密鍵を手に入れることができれば，カードの残高を書き換えて儲けることができる。そのため，正規の経路で入手した自身の IC カードを攻撃する動機がある。正規ユーザは，その IC カード自体を所持しているため，物理攻撃をしやすい環境にある。そういう意味では，IC カードは，運用会社の資産を正規ユーザ（の一部である攻撃者）から守るために存在する，と言い換えてもよいだろう。

以下では，いくつかのアプリケーションにおいて，敵性の利用環境が成立する攻撃シナリオをいくつか紹介する。

機器同士の認証　上述の IC カードの例がこのケースに該当するが，他にもいくつかの例がある。DVD やゲームコンソールでは，**コンテンツ保護**（digital rights management，**DRM**）のために暗号技術が使われている。攻撃者は，機器（DVD プレーヤやゲームコンソール）の内部に埋め込まれているコンテンツを復号するための秘密鍵を読み取ろうとする動機がある。さらに別の例として，ある種の製品のアクセサリー（ケーブルやバッテリーなど）において，模倣品（counterfeit）や互換品を排除するために，認証技術を用いることがある。模倣品・互換品を製造したいと考えるメーカーは，正規に入手した機器を解析して，内部にある秘密鍵を入手する動機がある。具体的な攻撃事例として，ゲームコンソールへのプロービング攻撃が存在する[5)]。また，IC カードや，車のスマートキーの攻撃事例も存在する[3),4)]。

仮想環境（virtualization）　仮想化技術が発達し，仮想サーバを貸与するクラウドサービスが増加している。そのため，1 台の物理的サーバに複数ユーザが収容されることになる。この場合，ある仮想サーバに収容されたユーザが悪意をもち，同じ物理的サーバに収容された別ユーザの情報を盗み見ようとする可能性がある。その場合，仮想サーバは敵性の利用環境といえる。仮想サーバ間についても，仮想化技術を用いて論理的に分離されるが，7 章で後述するキャッシュ攻撃のように，物理的手段によって盗聴を行う攻撃が存在するので安全ではない。

通信機能をもつ組込機器　家電や安価な組込機器にも通信機能を搭載してインターネットに接続し，ネットワークやサーバと連携させることで高機能化を行う技術的な潮流がある。ネットワーク接続機能をもった組込機器は，攻撃の標的になる可能性がある（**図 4.3**）。攻撃は二つのステップから構成する。ステップ 1 において，攻撃者は，正規に入手した 1 台の機器に対して物理攻撃を行う。その結果，秘密情報や脆弱性情報を入手する。ステップ 2 では，ステップ 1 で得た情報を利用し，ネットワークに接続された同一機種に対して遠隔に攻撃を行う。遠隔から大量の同一機種へ攻撃することで，攻撃成功時の報酬が倍増する，そのため，ステップ 1 で高価な設備を利用した物理攻撃を行ったとしても，攻撃者はその投資を回収することができる。

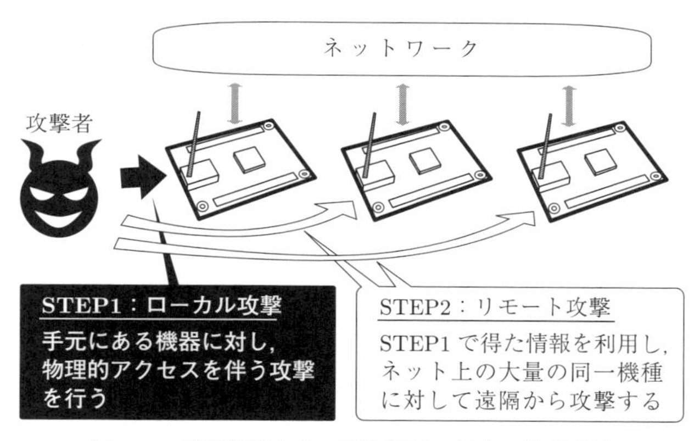

図 4.3　通信機能をもつ組込機器に対する物理攻撃

ネットワーク機能を有する照明機器へ攻撃し，そのような脅威が現実のものであることを明らかにした研究事例が存在する[2)]。Ronen らは，正規に入手した照明機器へサイドチャネル攻撃を行い，機器に埋め込まれた秘密鍵を取得することに成功した。その上で，取得した秘密鍵を利用することで，照明機器から照明機器へとネットワーク経由で伝搬するマルウェアを作成できることを実証した。

4.4　物理攻撃への対策

暗号モジュールには，物理攻撃への対策が必要である。個別の攻撃法に対し，どのような対策をとれるかについては5章と6章で述べる。本節では，暗号モジュール全体を安全にするための一般的な考え方について述べることにする。

4.4.1　暗号モジュールの安全性評価

暗号モジュールと物理攻撃は，ICカードを主たる応用先として発展してきた。ICカードの分野では，**コモンクライテリア**（common criteria，**CC**）と呼ばれる評価基準に基づき，設計と安全性評価を行う社会的な仕組みが構築・維持されてきた。

まず，コモンクライテリアが必要となる背景を述べる。A社とB社という二つの会社を考える。A社は，B社から暗号モジュールを買おうとしている。A社は，B社の暗号モジュールの安全性がどのくらい安全なのか知りたい。しかし，その目的に関して，A社とB社の思惑は噛み合わない。B社は，自社の利益を上げるために，安全性を過大にアピールする動機がある。その過大アピールは，実際に攻撃してみるまで露見しないため，見破るのは困難である。B社がそこまで不誠実でなかったとしても，「安全である」という性質を厳密に記述することは容易ではない。無条件で安全であることはほぼありえない。安全であるにはいくつかの前提条件を受け入れる必要があったり，ある範囲までしか安全性が確認されていなかったりすることがほとんどである。

以上の問題は，つぎの二つの理由による：(i) A社とB社が「安全である」ことを合意するための共通言語がない，(ii) 記述された安全性が信頼に足るものかどうかを確認する手段がない。コモンクライテリアと関連する認証制度は，その二つの問題を解決するために存在する。

まずA社は，満たすべき安全性の要件（要求仕様）を文章にする。そのような文書を**プロテクションプロファイル**（protection profile，**PP**）と呼ぶ。B社は，開発した暗号モジュールがどのような安全性をもつかを文章にする。そのような書類を**セキュリティターゲット**（security target，**ST**）と呼ぶ。B 社は，セキュリティターゲットの中で，対象暗号モジュールが，A 社のプロテクションプロファイルで要求されている安全性を満たす（適合する）ことを主張することができる。

もし，セキュリティターゲットに記載された B 社の主張が正しければ，A 社は，望んだ機能をもつ製品を手に入れることができる。しかし，どのくらい安全かという性質は，実際に攻撃をしてみるまでわからない。A 社は，どのようにして，セキュリティターゲットに記載されたことが正しいと確かめることができるだろうか？ そのために第三者である認証機関と評価機関が存在する。評価機関は，セキュリティターゲットに記載されたセキュリティ性能が，実際に達成されているか否かを検証する。もし，セキュリティターゲットの主張が正しいことが確認できたら，認証機関がその事を「認証」として与える。A 社は，認証を見ることで，安心して暗号モジュールを調達することができる。評価機関がどのくらいの厳格さで確認を行うかを見るために，**EAL**（evaluation assurance level）と呼ばれるレベル基準がある。レベルの高い評価を行う場合，評価機関は B 社の製品に対して実際に攻撃を行い，主張どおりの安全性をもつかどうかを試験する。このように，実際に攻撃をして安全性を確かめる試験を，**貫通試験**（penetration test，**ペネトレーションテスト**）と呼ぶ。

4.4.2 対策法の考え方

ある箇所が十分強かったとしても，他に弱い箇所があれば，攻撃者はそこを狙って攻撃をする。言い換えれば，最も弱い箇所が，全体のセキュリティのレベルを決めることになる。そのため，ある特定の攻撃に対して耐性があるだけではなく，ありうるすべての攻撃に対し網羅的に耐性をもつ必要があるが，その一方でその対策のために無限にコストをかけることはできない。そこで，対策の効果とコストを天秤にかけながら，バランスのよい解を探る必要がある。その際には，なにをどこまで守るべきか？という一線を定めるために，つぎの

2 ステップで分析を行う。

1. つくろうとしている暗号モジュールの脅威を洗い出す。

2. 脅威ごとに，対策の要否と，とるべき対策法を決定する。

まず，なにに対策すべきかについて述べる。守るべき資産やユースケースは製品によって異なるから，個別に**脅威分析**（threat analysis）を行うのが基本である。プロテクションプロファイルに記載された要求仕様は，そのような分析の結果得られたものである。そのため，既存のプロテクションプロファイルを読むことで，どのような脅威を考慮すべきか参考にすることができる。一例として，情報処理推進機構が公開しているプロテクションプロファイルの一つ[6]では，**表 4.2** に示すような脅威が定義されている。これを見ると，これまで述べてきた，プロービング攻撃，サイドチャネル攻撃，フォールト攻撃などが脅威に含まれていることがわかる。

表 4.2　プロテクションプロファイルに記載された脅威[6]

脅威の識別子	脅 威 の 説 明
T.Internal-Access	外部インタフェースからの論理的攻撃
T.Leak-Inherent	暗号演算中の消費電力変化を観測することによる暗号鍵の暴露
T.Phys-Probing	物理的プロービングによる情報の暴露
T.Malfunction	対象に環境ストレスをかけ，誤作動を誘発することに基づく情報の暴露やサービス妨害
T.Phys-Manipulation	内部機能を物理的に操作・改変することによる攻撃
T.RND	乱数値の予測による攻撃

つぎに，どこまで対策するかについて述べる。物理攻撃は，攻撃に時間をかけるほど，またその攻撃のための装置にコストをかけるほど，攻撃の成功率が高まる。しかし，攻撃のために時間がかかったり，コストがかかったりするほど，攻撃者にとって，攻撃の旨味は小さくなる。対策の目的は，攻撃の難易度が，攻撃が成功したときに得られる利益と釣り合わなくすることにある。それでは，攻撃者がどれくらい苦労するようになったら，対策は成功であるといえるだろうか？ 一つの基準として，前述のコモンクライテリアの安全性評価において用いられているものがある[1]。**表 4.3** は，その内容を抜粋したものである。

表 4.3 攻撃に要するコストの点数づけ[1]

カテゴリー	条件	点数（脆弱性発見）	点数（脆弱性悪用）
所要時間	< 1 時間	0	0
	< 1 日	1	2
	< 1 週間	2	3
	< 1 箇月	3	4
	> 1 箇月	5	7
攻撃者の熟練度	素人（layman）	0	0
	熟練（proficient）	1	1
	エキスパート（expert）	2	3
	複数のエキスパート（multiple expert）	5	6
攻撃に要する知識	公知情報（public）	0	0
	限定情報（restricted）	2	2
	機密情報（sensitive）	3	4
アクセス	動作しないサンプル	1	1
	鍵なしのサンプル	2	2
	鍵ありのサンプル	4	4
装置	なし（none）	0	0
	標準（standard）	1	2
	特殊（specialized）	3	4
	特注品（bespoke）	5	6
	複数の特注品（multiple bespoke）	7	8
機会	無制限（unlimited）	0	0
	簡単（easy）	1	1
	中程度（moderate）	2	3
	困難（difficult）	4	5
	不可能（none）	*	*

攻撃の成功に要するコストを，知識・装置・時間などの観点でポイント化したものである。評価においては，これらのポイントに応じて，攻撃の難しさがスコア化される。同じ文献[1]によれば，12〜17 点であれば中程度，30 点以上であれば高程度の安全性をもつと判定される。

引用・参考文献

1) Joint Interpretation Library：“Application of Attack Potential to Hardware Devices with Security Boxes,”；https://www.ipa.go.jp/security/jisec/hardware/documents/SOGIS_2012–05_E.pdf
2) E. Ronen, A. Shamir, A. Weingarten and C. O'Flynn：“IoT Goes Nuclear: Creating a Zigbee Chain Reaction,” in SP 2018, pp.54–62 (2018)
3) D. Oswald and C. Paar：“Breaking Mifare DESFire MF3ICD40: Power Analysis and Templates in the Real World,” in CHES 2011, pp.207–222 (2011)
4) T. Eisenbarth, T. Kasper, A. Moradi, C. Paar, M. Salmasizadeh and M.T.M. Shalmani：“On the Power of Power Analysis in the Real World: A Complete Break of the KeeLoq Code Hopping Scheme,” in CRYPTO 2008, pp.203–220 (2011)
5) A. Huang：Hacking the Xbox: An Introduction to Reverse Engineering, No Starch Press (2003)
6) 電子商取引安全技術研究組合：“組込み機器向けセキュア IC チップ プロテクションプロファイル第 1.0 版” (2014)；https://www.ipa.go.jp/security/jisec/certified_pps/c0427/c0427_pp.pdf

5 サイドチャネル攻撃

本章ではサイドチャネル攻撃を説明する。まず，5.1 節において，サイドチャネル攻撃とはどのようなものか，また，どのような種類があるか述べる。さまざまなサイドチャネル攻撃があるが，本章では特に，ブロック暗号への電力サイドチャネル攻撃に着目して説明を行う。5.2 節では，ブロック暗号に対するサイドチャネル攻撃を概説する。5.3 節では，リーケージの生じる物理的メカニズムとリーケージモデルについて述べる。5.4 節では，リーケージを解析するために必要な信号処理と統計の基礎を述べる。5.5 節では，代表的な電力サイドチャネル攻撃である相関電力解析について述べる。5.6 節では，電力サイドチャネル攻撃への対策法について述べる。

5.1 サイドチャネル攻撃とは

サイドチャネル攻撃とは，物理的な情報漏えい（リーケージ，leakage）を用いた攻撃法の総称である。本書では特に，暗号を対象にしたサイドチャネル攻撃を述べる。最も有名なサイドチャネル攻撃は，暗号処理の内容によって処理時間が変わることを利用する攻撃であり，**タイミング攻撃**（timing attack）や**タイミングサイドチャネル攻撃**（timing side–channel attack）と呼ばれる[1)]。もう一つの最も有名なサイドチャネル攻撃は，処理の内容によって計算機の消費電力が変化することを利用する攻撃であり，**電力解析**（power analysis）や，**電力サイドチャネル攻撃**（power side–channel attack）と呼ばれる[2)]。両者は，現在でも代表的なサイドチャネル攻撃として研究されている。

サイドチャネルによる分類　サイドチャネル攻撃を分類する一つの断面は，

攻撃に使う物理的な通信路（サイドチャネル）である（**表 5.1**）。先に述べたタイミング攻撃と電力解析に加え，電磁波・音・微弱光などを用いる攻撃が存在する。これらにかぎらず，計算機の動作に従って変化しうる物理量であれば，なんでもサイドチャネルになりうる。

表 5.1 物理情報によるサイドチャネル攻撃の分類

名　称	説　明
タイミング攻撃[1]	処理時間の増減
電力解析[1]	消費電力（消費電流）の増減
電磁波解析[1]	電磁波の増減
音響攻撃	音
フォトエミッション攻撃	微弱光

暗号処理を呼び出す回数による分類　サイドチャネル攻撃を行う攻撃者は，暗号演算を呼び出し，そのたびにリーケージの波形（**トレース**，trace）を計測する。サイドチャネル攻撃は，攻撃に使う波形の数によって分類ができる。暗号化を一度だけ呼び出し，対応する電力波形 1 枚のみを用いて攻撃する方法を，**シングルトレース攻撃**（single–trace attack）もしくは**単純電力解析**（simple power analysis，**SPA**）と呼ぶ[2),3)]。一方，暗号化を何度も呼び出し，対応する複数枚の電力波形を用いて行う攻撃を，**マルチトレース攻撃**（multi–trace attack）と呼ぶ。マルチトレース攻撃は，通常，複数の波形を解析する際に用いる統計的な手法とセットで呼称される。解析に差分値を利用する攻撃法は**差分電力解析**（differential power analysis，**DPA**）[2)]，相関係数を利用する攻撃法は**相関電力解析**（correlation power analysis，**CPA**）と呼ばれる。

5.2 ブロック暗号へのサイドチャネル攻撃の概要

本節では，ブロック暗号へのサイドチャネル攻撃による暗号が解読できるメカニズムを概説する，

ラウンド関数を処理単位とするブロック暗号を**図 5.1** に示す。暗号アルゴリズムにおいて，攻撃者が見ることができるのは，暗号の入出力にかぎられてい

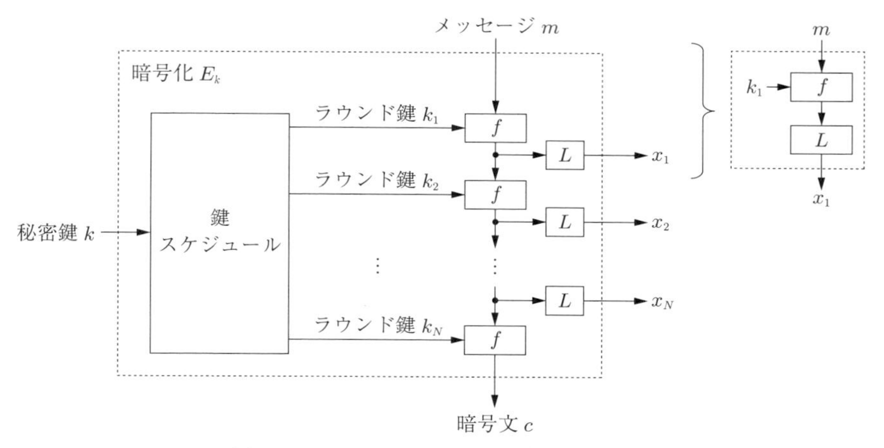

図 5.1 ブロック暗号のサイドチャネル攻撃

た。それに対し，サイドチャネル情報を観測する攻撃者は，追加で，各ラウンドの演算に伴って生じるリーケージにアクセスできる。図では，リーケージを，各ラウンドの出力に付け足された関数 L として表現している。関数 L はリーケージを抽象化したものであり，**リーケージ関数**（leakage function）あるいは**リーケージモデル**（leakage model）と呼ばれる。

ブロック暗号への入力 m と，ラウンド鍵 k_1，および 1 ラウンドで生じるリーケージ x_i の関係は，

$$x_1 = L(f_{k_1}(m)), \tag{5.1}$$

と記述できる。式 (5.1) は，関数 L を除き，暗号の 1 ラウンドに一致する。言い換えれば，式 (5.1) は，ラウンド数を一つに短縮したブロック暗号の近似である。2 章で述べたように，ラウンド関数 f は単体では弱く，ラウンド数を重ねることによって強度を増している。攻撃者は，サイドチャネル情報を用いて実質的にラウンドを短縮することで，暗号を弱体化することができるのである。それにより，探索空間が大幅に削減され，現実的な時間で全探索して解読が可能となる。

5.3 リーケージの発生メカニズムとモデル化

本節では，電力サイドチャネル攻撃において，リーケージの生じる物理的メカニズムとリーケージモデルについて述べる。5.3.1 項では，論理ゲートへの入力に応じて消費電力が変化する物理的メカニズムを述べる。5.3.2 項では，物理的メカニズムとリーケージモデルの関係を述べる。

5.3.1 論理回路において生じるリーケージ

サイドチャネル情報が生じるメカニズムは，計算機を構成する半導体に求めることができる。CMOS でつくられた論理ゲートは，出力の値が切り替わるたび（すなわちスイッチングのたび）大きな電力を消費する。ある論理ゲートの出力でスイッチングが起きるかどうかは，論理ゲートへの入力に応じて決まる。よって，論理ゲートが構成する暗号回路では，どのような計算が行われるかに応じて，消費電力の様子が変化する。

まず，計算内容に応じて消費電力（消費電流）が変化するメカニズムを，NOT ゲートを例に説明する。NOT ゲートの前の遷移前の入力を x，遷移後の入力を x' とする。**図 5.2** は，NOT ゲートの入力の遷移について，ありうる 4 通りを図示したものである。出力が変化するとき，すなわち $x \neq x'$ のとき，PMOS と NMOS の両方が短期的にオンになり，電源からグランドへ電流が流れる。このときに生じる電流を**貫通電流** I_{SC} と呼ぶ。一方，$x = x'$ のときは出力が変化しないため，貫通電流は生じない。遷移の前後の値と，貫通電流の有無を **表 5.2** に示す。表より，x, x' の値に応じて，消費電流が変化することが読み取れる。以上，NOT ゲートを対象に議論を行ったが，他の論理ゲートでも同様に，値の遷移に応じて貫通電流が生じる。

5.3.2 リーケージモデル

ハミングウェイトとハミングディスタンス　　リーケージモデルの議論をす

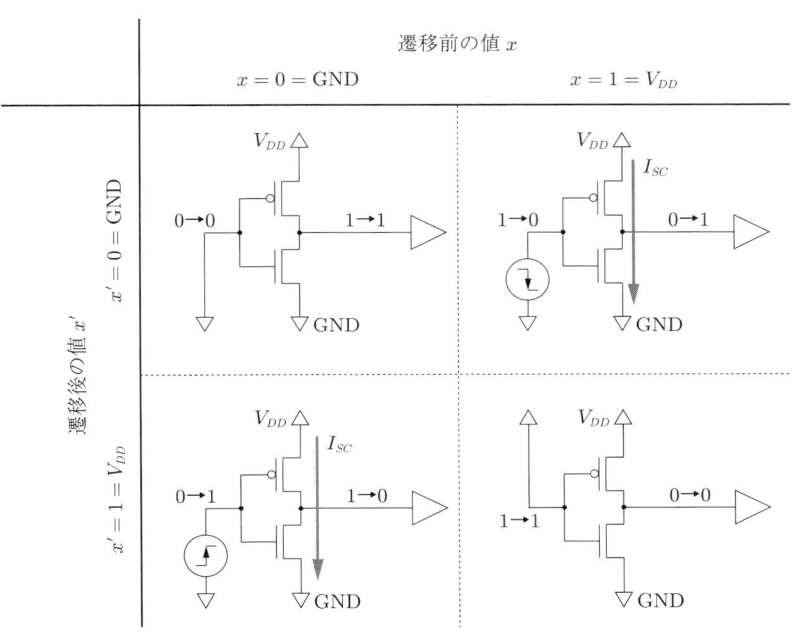

図 **5.2** CMOS NOT ゲートにおける信号遷移

表 **5.2** 電源ポート（V_{DD}）で計測した消費電流

遷移前の値 x	遷移後の値 x'	貫通電流
0	0	0
0	1	I_{sc}
1	0	I_{sc}
1	1	0

る前の準備として，ハミングウェイトとハミングディスタンスについて述べる。N ビットからなる変数 $x = (x_N x_{N-1} \ldots x_1)_2$ を考える。ただし，$x_i \in \{0, 1\}$ は x の各ビットを表す。**ハミングウェイト** $\mathrm{HW}[x]$ とは x のうち 1 であるビットの数である。すなわち，

$$\mathrm{HW}[x] = \sum_{i=1}^{n} x_i,$$

と定義される。

例 24.　$\mathrm{HW}[\mathsf{2b}] = \mathrm{HW}[(00101101)_2] = 4$ である。　(例終)

演習問題 23.　つぎのハミングウェイトを求めよ。

1. $\mathrm{HW}[(01111000)_2]$
2. $\mathrm{HW}[\mathsf{2b}]$

(問終)

N ビットからなる変数 $x = (x_N x_{N-1} \ldots x_1)_2$ と $y = (y_N y_{N-1} \ldots y_1)_2$ を考える。ハミングディスタンス $\mathrm{HD}[x, y]$ とは，x と y のうち，異なるビットの数である。

$$x_i \oplus y_i = \begin{cases} 0 & (x_i = y_i) \\ 1 & (x_i \neq y_i) \end{cases},$$

であることに注意すると，ハミングディスタンスはつぎのように書ける。

$$\mathrm{HD}[x, y] = \sum_{i=1}^{n} (x_i \oplus y_i) = \mathrm{HW}[x \oplus y].$$

例 25.　$\mathrm{HD}[\mathsf{2b}, \mathsf{7e}] = \mathrm{HW}[\mathsf{55}] = \mathrm{HW}[(01010101)_2] = 4$ である。　(例終)

演習問題 24.　つぎのハミングディスタンスを求めよ。

1. $\mathrm{HD}[(01111000)_2, (01101001)_2]$
2. $\mathrm{HD}[\mathsf{2b}, \mathsf{7e}]$

(問終)

5.2 節で述べたように，リーケージモデル L は，暗号の中間値とリーケージの関係を表す。リーケージモデル L がどのような関数になるかは，攻撃と対策を行う上で重要である。以下では，最も一般的なモデルであるハミングディスタンスモデルとハミングウェイトモデルについて述べる。

ハミングディスタンスモデル　　図 5.2 には，入力の遷移に応じて貫通電流が生じる様子を図示した。その内容を表にしたものが**表 5.3** である。表には，ハミングディスタンス $\mathrm{HD}[x, x']$ も併せて表示している。表より，貫通電流の

表 5.3 ハミングディスタンスモデル

前の値 x	後の値 x'	遷 移	$\mathrm{HD}[x, x']$	貫通電流
0	0	$0 \to 0$	0	0
0	1	$0 \to 1$	1	I_{sc}
1	0	$1 \to 0$	1	I_{sc}
1	1	$1 \to 1$	0	0

有無と，ハミングディスタンスの 0/1 が一致していることがわかる。

以上を，N ビットに拡張したものが**ハミングディスタンスモデル**である。N ビット幅の入力を受け取る演算器を考える。あるタイミングで演算器の入力が x であり，つぎの瞬間に演算器の入力は x' に遷移する。このとき，演算器から $\mathrm{HD}[x, x']$ という情報がリークするとモデル化するのである。言い換えれば，演算器の変化する入力ビット数が多いほど，多くの電力を消費すると単純化したモデルである。単純ではあるが，多くのハードウェア実装において，ハミングディスタンスモデルがよく当てはまることが実験で確かめられている[4)]。

ハミングウェイトモデル　図 5.2 では，あり得る 4 通りの遷移を図示した。いま，遷移後の値が $x' = 0$ と固定される場合を考える。このとき，遷移前の値 x と貫通電流の関係をまとめたのが**表 5.4** である。表より，遷移前の値 x と貫通電流の有無が直接関係することがわかる。

表 5.4 ハミングウェイトモデル

x	$x' = 0$ のときの遷移	$\mathrm{HW}[x]$	$x' = 0$ のときの貫通電流
0	$0 \to 0$	0	0
1	$0 \to 1$	1	I_{sc}

以上を N ビットに拡張したものが**ハミングウェイトモデル**である。すなわち，ある演算器への入力が x であった場合，$\mathrm{HW}[x]$ がリークすると考えるのである。ハミングディスタンスモデルでは，遷移の前後の値両方を考慮していた。それに対してハミングウェイトモデルは，遷移前か後の一方だけを見るように，さらに単純化したものであると考えることもできる。

5.4 信号処理と統計

本節では，サイドチャネル攻撃に必要な信号処理と統計について述べる。5.4.1 項では，平均と分散について述べる。5.4.2 項では，二つの確率変数の類似性の指標である共分散と相関係数について述べる。5.4.3 項では，計測データの質を表す指標である信号雑音比と，相関係数の関係について述べる。

5.4.1 平均と分散

確率変数 X を考える。N 回試行を行ったとき，i 番目の標本値を x_i と書くことにする。このとき，確率変数 X の**平均**（mean）$\mathbb{E}[X]$ と**分散**（variance）$\mathbb{V}[X]$ はつぎのように定義される。

$$\mathbb{E}[X] = \frac{1}{N}\sum_{i=1}^{N} x_i,$$
$$\mathbb{V}[X] = \frac{1}{N}\sum_{i=1}^{N}(x_i - \mathbb{E}[X])^2. \tag{5.2}$$

平均値は，その名前のとおり，試行の結果の平均をとったものである。分散は，平均値からのずれ $(x_i - \mathbb{E}[X])^2$ を足し合わせたものである。そのため分散は，試行ごとのばらつきの大きさを表す。

演習問題 25.　$\mathbb{V}[X] = \mathbb{E}[X^2] - \mathbb{E}[X]^2$ を証明せよ。　(問終)

例 26.　確率変数 X を考える。X の平均と分散はつぎのように与えられる。

$$\mathbb{E}[X] = \mu_X, \qquad \mathbb{V}[X] = \sigma_X^2.$$

新たな確率変数 $X' = X - \mu_X$ を考える。X' の平均値がゼロになることは，つぎのように確かめることができる。

$$\mathbb{E}[X - \mu_X] = \mathbb{E}[X] - \mathbb{E}[\mu_X]$$

$$= \mathbb{E}[X] - \mu_X = 0. \tag{5.3}$$

すなわち，X' は X の平均をゼロに正規化したものである。X' の分散はつぎのようになる。

$$\begin{aligned}
\mathbb{V}[X - \mu_X] &= \mathbb{E}[(X - \mu_X)^2] - \mathbb{E}[X - \mu_X]^2 && (\because \quad \mathbb{V}[X] = \mathbb{E}[X^2] - \mathbb{E}[X]^2) \\
&= \mathbb{E}[X^2 - 2\mu_X + \mu_X^2] && (\because \quad \mathbb{E}[X - \mu_X] = 0) \\
&= \mathbb{E}[X^2] - 2\mu_X^2 + \mu_X^2 && (\because \quad \mathbb{E}[\mu_X^2] = \mu_X^2\mathbb{E}[1] = \mu_X^2) \\
&= \mathbb{E}[X^2] - \mu_X^2 \\
&= \mathbb{E}[X^2] - \mathbb{E}[X]^2 && (\because \quad \mathbb{E}[X] = \mu_X) \\
&= \mathbb{V}[X]. && (5.4)
\end{aligned}$$

すなわち，平均値をゼロに正規化しても，分散は変化しない。 (例終)

5.4.2 共分散と相関係数

確率変数 X とノイズ W を考える。また，ノイズ入りの計測値 $Y = X + W$ を考える。確率変数 X と計測値 Y がどれだけ似ているか（あるいは似ていないか）を比べたいことがある。そのために，**共分散**（covariance）を用いることができる。X と Y の共分散 $\mathbb{C}[X, Y]$ は，つぎのように定義される。

$$\mathbb{C}[X, Y] = \mathbb{E}[(X - \mathbb{E}[X]) \cdot (Y - \mathbb{E}[Y])].$$

共分散は，X が大きいほど Y が大きいというような，二つの変数が連動する度合いを表す。

演習問題 26. $\mathbb{C}[X, Y] = \mathbb{E}[XY] - \mathbb{E}[X] \cdot \mathbb{E}[Y]$ を証明せよ。 (問終)

演習問題 27. 確率変数 X, Y について，以下を仮定する。

$$\mathbb{E}[X] = \mu_X, \qquad \mathbb{E}[Y] = \mu_Y.$$

平均値を正規化した確率変数

$$X' = X - \mu_X, \qquad Y' = Y - \mu_Y,$$

を考える。このとき，$\mathbb{C}[X', Y'] = \mathbb{C}[X, Y]$ を証明せよ。　(問終)

共分散の欠点は，元の確率変数の大きさに依存する点にある。仮に，X と Y を定数倍することを考える。このとき，

$$\begin{aligned}\mathbb{C}[cX, cY] &= \mathbb{E}[c^2 XY] - \mathbb{E}[cX] \cdot \mathbb{E}[cY] \\ &= c^2 \mathbb{C}[X, Y],\end{aligned}$$

となる。ただし c は定数である。すなわち，対象となる確率変数を定数倍すると，共分散は変化する。X と Y の類似性の指標としては，そのような定数倍に対して不変であることが好ましい。そうなるように正規化したものが**ピアソンの相関係数**（Pearson correlation coefficient）$\mathbb{R}[X, Y]$ である。より具体的には，つぎのように定義される。

$$\mathbb{R}[X, Y] = \frac{\mathbb{C}[X, Y]}{\sqrt{\mathbb{V}[X] \cdot \mathbb{V}[Y]}}. \tag{5.5}$$

例 27.　確率変数 X を考える。X の平均と分散はつぎのように与えられる。

$$\mathbb{E}[X] = \mu_X, \qquad \mathbb{V}[X] = \sigma_X^2.$$

新しい確率変数 $X'' = (X - \mu_X)/\sigma_X$ を考える。X'' の平均と分散がどのようになるか考える。X'' の平均はつぎのようになる。

$$\mathbb{E}\left[\frac{X - \mu_X}{\sigma_X}\right] = \frac{\mathbb{E}[X - \mu_X]}{\sigma_X} = 0. \qquad (\because \quad \text{表 (5.3)})$$

一方，分散はつぎのようになる。

$$\begin{aligned}\mathbb{V}\left[\frac{X - \mu_X}{\sigma_X}\right] &= \mathbb{E}\left[\frac{(X - \mu_X)^2}{\sigma_X^2}\right] - \mathbb{E}\left[\frac{X - \mu_X}{\sigma_X}\right]^2 \\ &= \frac{\mathbb{E}[(X - \mu_X)^2]}{\sigma_X^2} && \left(\because \quad \mathbb{E}\left[\frac{X - \mu_X}{\sigma_X}\right] = 0\right) \\ &= \frac{\mathbb{V}[X]}{\sigma_X^2} && (\because \quad \text{式 (5.4)})\end{aligned}$$

$$= 1.$$

すなわち，X'' は，元の確率変数 X の平均を 0 に，分散を 1 に正規化したものである。 (例終)

演習問題 28. 確率変数 X と Y を考える。それらの平均と分散を，

$$\mathbb{E}[X] = \mu_X, \quad \mathbb{V}[X] = \sigma_X^2, \quad \mathbb{E}[Y] = \mu_Y, \quad \mathbb{V}[Y] = \sigma_Y^2, \tag{5.6}$$

とする。また，確率変数 X', Y', X'', Y'' をつぎのように定める。

$$\begin{aligned} X' &= X - \mu_X, & Y' &= Y - \mu_Y, \\ X'' &= \frac{X'}{\sigma_X}, & Y'' &= \frac{Y'}{\sigma_Y}. \end{aligned} \tag{5.7}$$

このとき，

$$\mathbb{C}[X'', Y''] = \frac{\mathbb{C}[X, Y]}{\sqrt{\mathbb{V}[X] \cdot \mathbb{V}[Y]}},$$

となることを証明せよ。また，その結果を用いて，

$$\mathbb{C}[X'', Y''] = \mathbb{R}[X, Y],$$

を証明せよ。この命題からわかるように，ピアソンの相関係数とは，平均と分散を正規化した確率変数の共分散である。 (問終)

相関係数は，二つの確率変数の線形性の強さの指標である。二つの変数 X, Y の 2 次元ヒストグラムにより，相関係数を視覚化する。**図 5.3** は，X と Y の 2 次元ヒストグラムを 3 次元プロットしたものである。相関係数の値に応じて，四つのヒストグラムを表示している。相関係数が高いほどヒストグラムがつぶれた楕円状に分布することがわかる。それに対し，相関係数がゼロに近づくに従い，ヒストグラムは真円に近づく。

5.4.3 相関係数と信号雑音比

引きつづき，X にノイズ W が加わった観測値 $Y = X + W$ が得られる場合

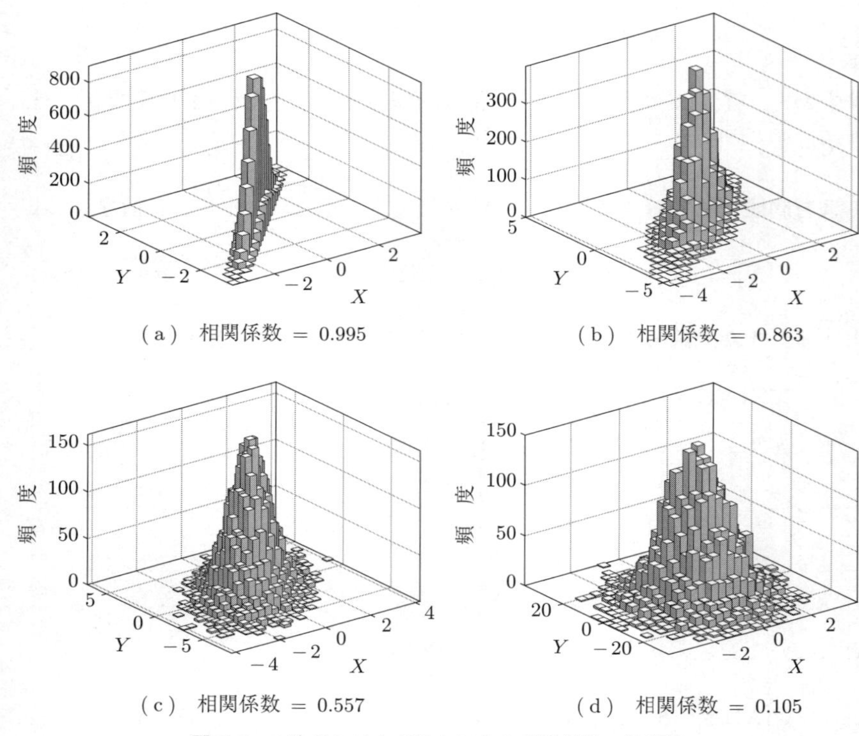

図 5.3 2 次元ヒストグラムによる相関係数の視覚化

を考える。ノイズ W が平均ゼロの独立した乱数であると仮定する。このとき，

$$\mathbb{E}[W] = 0,$$

である。さらに，つぎのことがいえる。

$$\begin{aligned}\mathbb{E}[Y] &= \mathbb{E}[X + W] \\ &= \mathbb{E}[X] + \mathbb{E}[W] \qquad (\because \quad X \text{ と } W \text{ は独立}) \\ &= \mathbb{E}[X]. \qquad\qquad\qquad (\because \quad \mathbb{E}[W] = 0)\end{aligned} \tag{5.8}$$

信号に対する雑音の大きさである信号雑音比（SNR）を，つぎのように定義する。

$$\mathrm{SNR} = \frac{\mathbb{V}[X]}{\mathbb{V}[W]}. \tag{5.9}$$

分散とは，信号のばらつきの大きさの尺度であった。SNR とは，意味ある信号 X のばらつきと，ノイズ W のばらつきの比である。SNR と相関係数 $\mathbb{R}[X,Y]$ には，どのような関係があるだろうか？

共分散 $\mathbb{C}[X,Y]$ はつぎのようになる。

$$\begin{aligned}
\mathbb{C}[X,Y] &= \mathbb{E}[XY] - \mathbb{E}[X]\cdot\mathbb{E}[Y] \\
&= \mathbb{E}[X(X+W)] - \mathbb{E}[X]^2 \qquad (\because \quad \text{式 (5.8)}) \\
&= \mathbb{E}[X^2 + XW] - \mathbb{E}[X]^2 \\
&= \mathbb{E}[X^2] - \mathbb{E}[X]^2 \quad (\because \quad X \text{ と } W \text{ は独立のため } \mathbb{E}[XW]=0) \\
&= \mathbb{V}[X]. \qquad (5.10)
\end{aligned}$$

すなわち，共分散は，SNR における信号成分 X の分散 $\mathbb{V}[X]$ に一致する。

相関係数 $\mathbb{R}[X,Y]$ はつぎのようになる。

$$\begin{aligned}
\mathbb{R}[X,Y] &= \frac{\mathbb{C}[X,Y]}{\sqrt{\mathbb{V}[X]\cdot\mathbb{V}[Y]}} \\
&= \frac{\mathbb{V}[X]}{\sqrt{\mathbb{V}[X]\cdot\mathbb{V}[Y]}} \qquad (\because \quad \text{式 (5.10)}) \\
&= \frac{1}{\sqrt{\dfrac{\mathbb{V}[X]+\mathbb{V}[W]}{\mathbb{V}[X]}}} \\
&= \frac{1}{\sqrt{1+\dfrac{1}{\mathrm{SNR}}}}. \qquad (5.11)
\end{aligned}$$

これが，相関係数と SNR の関係である。この関係により，一方がわかれば，もう一方を求めることができる。言い換えれば，相関係数を調べることは，SNR を調べることに等しい。式 (5.11) に基づき，相関係数と SNR の関係をプロットしたものが**図 5.4** である。

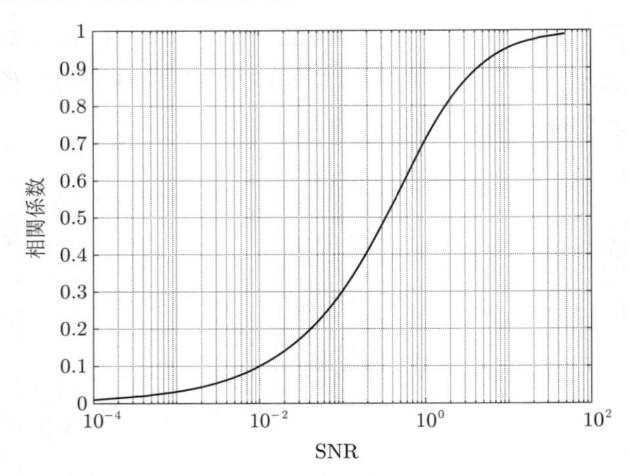

図 5.4　SNR と相関係数の関係（式 (5.11)）

5.5　相関電力解析

本節では，代表的な電力サイドチャネル攻撃である相関電力解析[5)]を詳しく説明する。まず，5.5.1 項において，解析対象とリーケージについて述べる。つづく 5.5.2 項では，相関電力解析による攻撃法を述べる。5.5.3 項では，相関電力解析による実験結果の例を示す。最後の 5.5.4 項では，相関電力解析を仮説検定の枠組みで説明する。

5.5.1　解析対象とリーケージ

図 5.5 は，S–box 1 個と鍵加算に注目して切り出した AES の一部である。8 ビットのメッセージ m_i を入力すると，鍵 k の加算と，S–box による変換が行われる。その結果，中間値 $S(m_i + k)$ が得られる。

攻撃者は，鍵 k や，中間値 $S(m_i + k)$ を見ることはできない。一方，攻撃者は，メッセージ m_i に対応したリーケージ l_i を得る。リーケージ l_i は，オシロスコープなどで計測したデータである。以降の議論では，リーケージモデ

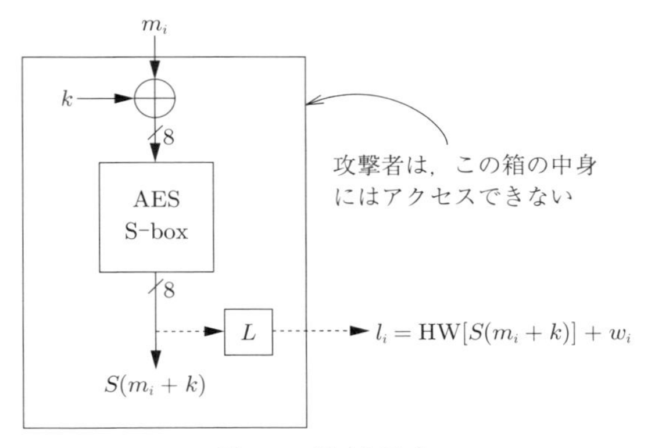

図 **5.5** 解析対象

ル L として，ハミングウェイトモデルを仮定する。すなわち，

$$l_i = \mathrm{HW}[S(m_i + k)] + w_i, \tag{5.12}$$

である。ただし，w_i は，正規分布 $\mathcal{N}(0, \sigma^2)$ に従うノイズである。また，8 ビット単位で処理を行っているため，$S(m_i+k) \in \{0, \ldots, 255\}$ かつ $\mathrm{HW}[S(m_i+k)] \in \{0, 1, \ldots, 8\}$ である。

攻撃者はまず，N 個のメッセージ $\{m_1, \ldots, m_{N-1}, m_N\}$ の暗号化を要求し，そのたびにリーケージを計測する。その結果，リーケージの集合

$$\mathcal{L} = \{l_i | i \in \{1, \ldots, N-1, N\}\},$$

を得る。この $\mathcal{L}$ を用いて秘密鍵 k を復元することが攻撃者の目的である。

5.5.2 相関電力解析による鍵復元攻撃

リーケージの集合 $\mathcal{L}$ を用いて秘密鍵 k を復元する方法を説明する。攻撃者はまず，鍵候補の一つ $\hat{k} \in \{0, \ldots, 255\}$ を定める。鍵候補が定まると，その候補が正しい鍵であったとしたら得られるはずのリーケージ

$$p_i^{\hat{k}} = \mathrm{HW}[S(m_i + \hat{k})], \tag{5.13}$$

を計算することができる。この $p_i^{\hat{k}}$ を，本書では**予測リーケージ**と呼ぶ。

予測リーケージ $p_i^{\hat{k}}$ を求める手順を，アルゴリズム 19 に示す。アルゴリズムの入力は，メッセージ $\{m_1, \ldots, m_{N-1}, m_N\}$ である。1 行目において，鍵候補 $\hat{k}$ を一つ決める。鍵は 8 ビットであるため，鍵候補は $2^8 = 256$ 通りである。その後，すべてのインデックス $i \in \{1, \ldots, N-1, N\}$ に対し，式 (5.13) に従って予測リーケージ $p_i^{\hat{k}}$ を計算する。予測リーケージ $p_i^{\hat{k}}$ が鍵候補 $\hat{k}$ とインデックス i の二つで指定されることに注意されたい。そのため，予測リーケージは，**表 5.5** に示すような 2 次元の表として表現することができる。表のサイズは $256 \times N$ であり，アルゴリズム 19 の 2 重ループに対応している。

表 5.5　予測リーケージ

メッセージのインデックス i	サイドチャネルリーケージ	鍵予測に基づく予測リーケージ				
		$\hat{k} = \texttt{00}$	$\hat{k} = \texttt{01}$	$\hat{k} = \texttt{02}$	$\ldots$	$\hat{k} = \texttt{FF}$
1	l_1	$p_1^{\texttt{00}}$	$p_1^{\texttt{01}}$	$p_1^{\texttt{02}}$	$\cdots$	$p_1^{\texttt{FF}}$
$\vdots$	$\vdots$	$\vdots$	$\vdots$	$\vdots$	$\ddots$	$\vdots$
$N-1$	l_{N-1}	$p_{N-1}^{\texttt{00}}$	$p_{N-1}^{\texttt{01}}$	$p_{N-1}^{\texttt{02}}$	$\cdots$	$p_{N-1}^{\texttt{FF}}$
N	l_N	$p_N^{\texttt{00}}$	$p_N^{\texttt{01}}$	$p_N^{\texttt{02}}$	$\cdots$	$p_N^{\texttt{FF}}$

アルゴリズム 19 予測リーケージの計算

Input: メッセージ $\{m_1, \ldots, m_{N-1}, m_N\}$
Output: 予測リーケージの表 $\{p_i^{\hat{k}} | i \in \{1, \ldots, N-1, N\},\ \hat{k} \in \{0, \ldots, 255\}\}$.
1: **for** $\hat{k}$ from 0 to 255 **do**
2: 　**for** i from 1 to N **do**
3: 　　$p_i^{\hat{k}} \leftarrow \mathrm{HW}[S(m_i \oplus \hat{k})]$
4: 　**end for**
5: **end for**
6: **return** $\{p_i^{\hat{k}} | i \in \{1, \ldots, N-1, N\},\ \hat{k} \in \{0, \ldots, 255\}\}$

リーケージ l_i は，ハミングウェイト $\mathrm{HW}[S(m_i + k)]$ にノイズ w_i が加わったものである（式 (5.12)）。そのため，鍵候補 $\hat{k}$ が正解であるとき，すなわち $k = \hat{k}$ であるとき，リーケージ l_i と予測リーケージ $p_i^{\hat{k}}$ はノイズを除いて一致する（式 (5.12) と式 (5.13) を参照）。一方，$k \neq \hat{k}$ であるとき，リーケージと予測リーケージは無関係である。よって，リーケージ l_i と，鍵候補 $\hat{k}$ で得られる予測リーケージ $p_i^{\hat{k}}$ の相関係数を評価することで，鍵候補の中から正しい鍵を見分けることができる。

各鍵候補について相関係数を求め，その値を用いて正解鍵を導出する手順をアルゴリズム 20 に示す。このアルゴリズムでは，まずすべての鍵候補 $\hat{k} \in \{0, \ldots, 255\}$ に対し，その鍵候補に対応する相関係数 $r_{\hat{k}}$ を求める（ステップ 2)。相関係数 $r_{\hat{k}}$ は次式により得る。

$$r_{\hat{k}} = \mathbb{R}\left[l_i, p_i^{\hat{k}}\right] = \frac{\displaystyle\sum_{i=1}^{N}(l_i - \mathbb{E}[l_i]) \cdot \left(p_i^{\hat{k}} - \mathbb{E}\left[p_i^{\hat{k}}\right]\right)}{\sqrt{\displaystyle\sum_{i=1}^{N}(l_i - \mathbb{E}[l_i])^2} \cdot \sqrt{\displaystyle\sum_{i=1}^{N}\left(p_i^{\hat{k}} - \mathbb{E}\left[p_i^{\hat{k}}\right]\right)^2}}. \quad (5.14)$$

ただし，$\mathbb{E}[\cdot]$ は i に関する平均であり，つぎのように書ける。

$$\mathbb{E}[l_i] = \frac{1}{N}\sum_{i=1}^{N} l_i, \qquad \mathbb{E}\left[p_i^{\hat{k}}\right] = \frac{1}{N}\sum_{i=1}^{N} p_i^{\hat{k}}.$$

式 (5.14) は，式 (5.5) の相関係数を，リーケージ l_i と予測リーケージ $p_i^{\hat{k}}$ のために書き直したものである。

アルゴリズム **20** 相関係数の評価と正解鍵の導出

Input: 予測リーケージ $\{p_i^{\hat{k}} | i \in \{1, \ldots, N\}, \hat{k} \in [0, 255]\}$，リーケージ $\{l_1, \ldots, l_{N-1}, l_N\}$.
Output: 正解鍵 k
1: **for** $\hat{k}$ from 0 to 255 **do**
2: $\quad r_{\hat{k}} \leftarrow \mathbb{R}[\{l_1, \ldots, l_{N-1}, l_N\}, \{p_1^{\hat{k}}, \ldots, p_{N-1}^{\hat{k}}, p_N^{\hat{k}}\}]$
3: **end for**
4: **return** $\underset{\hat{k}}{\mathrm{argmax}}\, |r_{\hat{k}}|$

アルゴリズム 20 のステップ 4 では，最大の相関係数を示す鍵候補 $\underset{\hat{k}}{\mathrm{argmax}}\, |r_{\hat{k}}|$ を正解鍵として出力する。なお，相関係数は正負の両方の値を取りうるため絶対値をとっている。以上のようにして，正解鍵を決定することができる。

ここまで，S–box 1 個と鍵加算からなる AES の一部（図 5.5）を対象とする解析法を述べた。AES は，2 章で述べたように，16 個の S–box がある。そのため，以上の解析を 16 回行うことで，16 バイトのラウンド鍵全体を復元できる。

16 バイト（=128 ビット）のラウンド鍵の候補数は 2^{128} 個ある。2^{128} が全探索できないほど巨大であることが，AES が安全である理由である。それに対し，アルゴリズム 20 で考慮した鍵候補は 2^8 のみである。16 バイトのラウンド鍵全体を求めるために，以上の処理を 16 回繰り返したとしても，$2^8 \times 16$ 候補にすぎない。そのため，実際に全探索して鍵を決めることができる。サイドチャネル情報を用いることで，バイトごとに独立に鍵を特定することで，鍵空間を全探索可能なサイズに減らしたことが，攻撃が可能になった理由である。

5.5.3　シミュレーションによる実験例

通常のサイドチャネル攻撃の実験では，オシロスコープなどを用いて計測したデータをリーケージ l_i として用いる。それに対し本節では，説明のため，シミュレーションで生成したリーケージ l_i を用いて解析例を示す。

リーケージをシミュレートする手順をアルゴリズム 21 に示す。アルゴリズムへの入力として，ノイズの大きさを示すパラメータとして分散 σ^2 を与える。ステップ 2 において，正規分布 $\mathcal{N}(0, \sigma^2)$ に従うノイズ w_i を生成する。このノイズを用い，ステップ 3 において，式 (5.12) に従うリーケージ l_i を得る。

アルゴリズム **21** リーケージのシミュレーション

Input: メッセージ $\{m_1, \ldots, m_{N-1}, m_N\}$，鍵 k，ノイズの分散 σ^2
Output: リーケージ $\{l_1, \ldots, l_{N-1}, l_N\}$.
1: **for** i from 1 to N **do**
2: 　$w_i \leftarrow \mathcal{N}(0, \sigma^2)$
3: 　$l_i \leftarrow \mathrm{HW}[S(m_i \oplus k)] + w_i$
4: **end for**
5: **return** $\{l_1, \ldots, l_{N-1}, l_N\}$

波形数 $N = 1\,000$，正解鍵 $k = \mathsf{2b} = 43$ の条件でアルゴリズム 21 を実行し，リーケージ l_i を生成した。その後，生成したリーケージ l_i を用い，アルゴリズム 20 により相関係数を求めた。解析の結果得た相関係数を**図 5.6** (a) に示す。図の横軸は鍵候補 $\hat{k} \in \{0, \ldots, 255\}$，縦軸は対応する相関係数 $r_{\hat{k}}$ である。

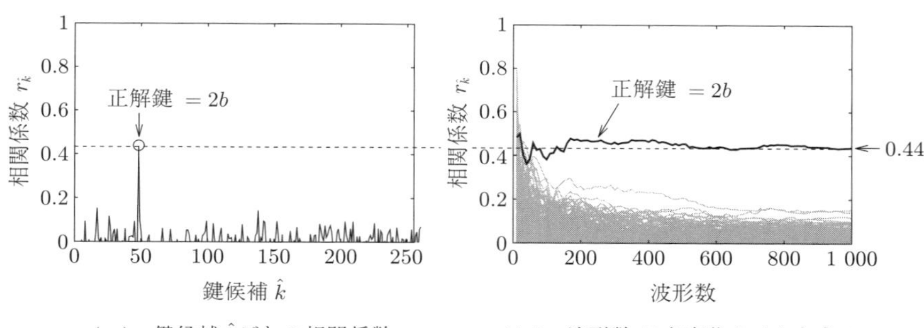

（a） 鍵候補 $\hat{k}$ ごとの相関係数（波形数 1 000 枚）

（b） 波形数 N を変化させたときの相関係数の変化

図 5.6 鍵候補 $\hat{k}$ ごとの相関係数，および波形数 N を変化させたときの相関係数の変化

図において丸を付けた候補は，正解鍵 $\hat{k} = \mathsf{2b}$ である。図より，正解鍵に対応する相関係数が，それ以外の候補による相関係数と比較して際立って高いことがわかる。すなわち，相関係数の大きさを見ることで正解鍵を決定できることがわかる。

利用する波形数 N を変化させたとき，相関係数はどのように変化するだろうか？ 波形数 N を 1 から 1 000 まで変化させたとき，相関係数 $r_0, \ldots, r_{255}$ が変化する様子を図 5.6 (b) に示す。図の横軸は波形数，縦軸は相関係数である。正しい鍵候補 $\hat{k} = \mathsf{2b}$ の結果を黒線，誤った鍵候補 $\hat{k} \neq \mathsf{2b}$ の結果を灰色の線で表示した。グラフより，$\hat{k} = \mathsf{2b}$ の候補とそれ以外の候補は，波形数を増やすにつれて徐々に分離することがわかる。その結果，両者は 100 波形ほどで分離することがわかる。これが，鍵の復元に必要な最小の波形数である。最小の波形数は，攻撃の難しさを測る指標の一つである。

リーケージのノイズが増えたとき，これまでの結果はどのように変化するだろうか？ 式 (5.9) からわかるように，ノイズの分散 σ^2 が大きくなるほど，リーケージの SNR が小さくなる。すると，式 (5.11) に従い，相関係数もまた小さくなるはずである。以上を確かめるために，図 5.6 と同じ実験を，異なる 3 種類のノイズの分散 σ^2 に対し行った結果を**図 5.7** に示す。図 5.7 の実験結果より，ノイズの分散 σ^2 が大きくなるほど，相関係数が小さくなることが確認で

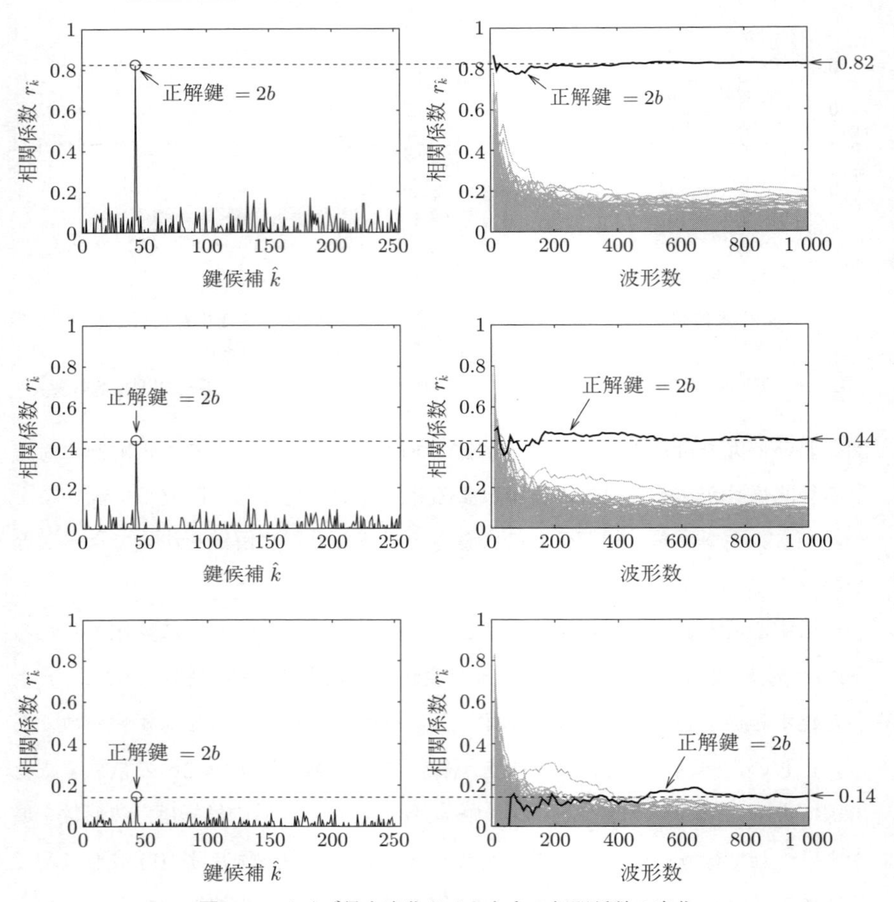

図 5.7　ノイズ量を変化させたときの相関係数の変化

きる。加えて，相関係数が小さくなるほど，正しい鍵と誤った鍵を識別するために必要な最小の波形数が増加することがわかる。すなわち，最小の波形数は，リーケージの SNR に大きく依存する。

5.5.4 仮 説 検 定

図 5.7 に示したように，正しい鍵候補と誤った鍵候補は，波形数を増やすにつれて徐々に分離する。波形数が十分であれば，正解鍵の相関係数は突出して

おり，容易に見つけることができる。一方，波形数が不十分であれば，正しい鍵候補を見分けることはできない。ある波形数を用いて解析を行った結果，ある相関係数を観測したとする。波形数が足りているかどうかを調べることはできるだろうか？

相関電力解析は，**仮説検定**（hypothesis testing）の枠組みで考えることができる。仮説検定は，背理法の一種である。すなわち，**帰無仮説**（null hypothesis）という仮説を立て，その仮説が正しければめったに起きないはずのことが起きるかどうかを検証することで，帰無仮説の論理否定である**対立仮説**（alternative hypothesis）が正しいかどうかを調べる方法である。

相関電力解析を仮説検定に当てはめるとつぎのようになる。

$$\begin{cases} \text{帰無仮説：鍵候補 } \hat{k} \text{ は誤った鍵である。} \\ \text{対立仮説：鍵候補 } \hat{k} \text{ は正解鍵である。} \end{cases} \tag{5.15}$$

帰無仮説は，その鍵候補が不正解であることを主張している。もし，帰無仮説が棄却（reject）され，対立仮説が採用された場合，その鍵候補 $\hat{k}$ が正解鍵であると判定できる。式 (5.15) を，相関係数を用いて言い換えるとつぎのようになる。

$$\begin{cases} \text{帰無仮説：鍵候補 } \hat{k} \text{ で得た相関係数はゼロである。} \\ \text{対立仮説：鍵候補 } \hat{k} \text{ で得た相関係数はゼロでない。} \end{cases} \tag{5.16}$$

仮説検定を行う上では，対象の確率変数が正規分布に従うと都合がよい。そこで，相関係数を，正規分布に従う確率変数に変数変換する。真の相関係数が ρ であるとする。また，サンプル数 N を用いて求めた相関係数を R とおく。R を変数変換し，新たな確率変数 z を得る。

$$Z = \frac{1}{2} \ln \frac{1+R}{1-R}.$$

この変数変換を **Fisher 変換**と呼ぶ。n が大きいとき，Z は，つぎの平均 μ_z，分散 σ_z^2 の正規分布に従う[4)]。

$$\mu_z = \frac{1}{2}\ln\frac{1+\rho}{1-\rho} + \frac{\rho}{2(n-1)}, \tag{5.17}$$

$$\sigma_z^2 = \frac{1}{n-3}. \tag{5.18}$$

帰無仮説が正しく $\rho = 0$ のとき，$\mu_z = 0$ である。なお，以降では，平均 μ，分散 σ^2 の正規分布を $\mathcal{N}(\mu, \sigma^2)$ と書く。

式 (5.15), (5.16) の帰無仮説・対立仮説を，確率変数 Z を用いて言い換えるとつぎのようになる。

$$\begin{cases} \text{帰無仮説：鍵候補 } \hat{k} \text{ で得た } Z \text{ は，正規分布 } \mathcal{N}\left(0, \dfrac{1}{n-3}\right) \text{ に従う。} \\ \text{対立仮説：鍵候補 } \hat{k} \text{ で得た } Z \text{ は，正規分布 } \mathcal{N}\left(0, \dfrac{1}{n-3}\right) \text{ に従わない。} \end{cases} \tag{5.19}$$

よって，正規分布 $\mathcal{N}(0, 1/(n-3))$ に従うならば，めったに生じない値を確率変数 Z が示したら，帰無仮説は棄却される。**図 5.8** に，正規分布 $\mathcal{N}(0, \sigma_Z^2)$ の確率密度関数を示す。確率密度関数は，0 を中心とする対称な形をしている。分布の中心である 0 から十分に離れた値は，めったに生じないといえるだろう。すなわち，「Z がある値を超えたらめったに生じない」という Z の**しきい値**（threshold）を決めることができる。

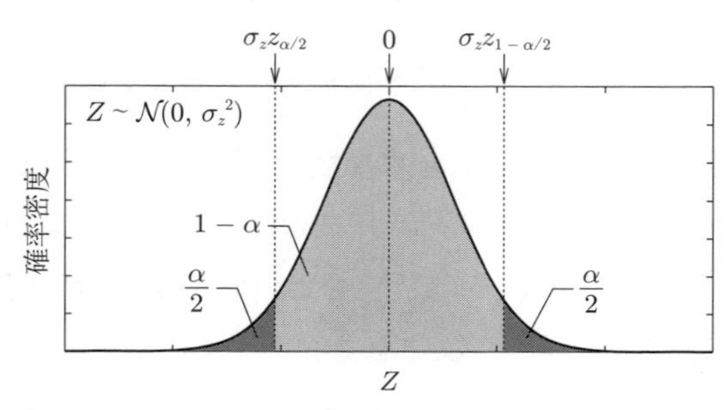

図 5.8　正規分布 $\mathcal{N}(0, \sigma_Z^2)$ の確率密度関数と有意水準 α

「この値を超えた Z はめったに生じない」といえるようなしきい値は，どうやって決めることができるだろうか？ 図 5.8 に示すように，しきい値を超える値が発生する確率が α となるように，しきい値を設定することを考える。そのような α を**有意水準**（significance level）と呼ぶ。有意水準 α には，5%，1%，0.1%などの小さい確率を割り当てる。この α が，「めったに生じない度合い」を決める。α が決まれば，対応してしきい値を決めることができる。

有意水準 α としきい値の関係を考える。簡単のため，まずは分散が1の正規分布 $\mathcal{N}(0,1)$ に従う確率変数 X を考える。有意水準 α に対し，

$$\Pr[X \leqq z_\alpha] = \alpha \tag{5.20}$$

となるような値 z_α を，正規分布 $\mathcal{N}(0,1)$ の**累積分布逆関数**と呼ぶ。

z_α を用いると，

$$\Pr[X < z_{\alpha/2}] = \frac{\alpha}{2}, \qquad \Pr[X > z_{1-\alpha/2}] = \frac{\alpha}{2}$$

と書ける。よって，正規分布 $\mathcal{N}(0,1)$ に従う確率変数では，$z_{\alpha/2}$ と $z_{1-\alpha/2}$ を上下のしきい値に設定すれば，有意水準 α の検定を行うことができる。

例 28. $\Pr[z_{\alpha/2} < X < z_{1-\alpha/2}] = 1-\alpha$ である。 (例終)

ここまで，正規分布 $\mathcal{N}(0,1)$ に従う確率変数 X について議論をしてきた。正規分布 $\mathcal{N}(0,\sigma_Z^2)$ に従う確率変数 Z のしきい値も，z_α を用いてつぎのように書ける。

$$\Pr[Z < \sigma_Z \cdot z_{\alpha/2}] = \frac{\alpha}{2}, \qquad \Pr[Z > \sigma_Z \cdot z_{1-\alpha/2}] = \frac{\alpha}{2}.$$

すなわち，正規分布 $\mathcal{N}(0,1)$ のしきい値を σ_Z 倍したしきい値を用いることで，有意水準 α の検定を行うことができる。

帰無仮説は Z が正規分布 $\mathcal{N}(0,1/(N-3))$ に従うことであった（式(5.19)）。サンプル数 N と有意水準 α のとき，しきい値はつぎのようになる。

$$\sigma_Z \cdot z_{\alpha/2} = \frac{z_{\alpha/2}}{\sqrt{N-3}}, \qquad \sigma_Z \cdot z_{1-\alpha/2} = \frac{z_{1-\alpha/2}}{\sqrt{N-3}}.$$

鍵候補 $\hat{k}$，サンプル数 N で標本相関係数 $r_{\hat{k}}$ を得たとする。簡単のため，相関

係数が正の場合のみ考える。このとき，上側のしきい値 $z_{1-\alpha/2}/\sqrt{N-3}$ のみを考えればよい。しきい値を超えたか否かは，つぎの不等式で表現できる。

$$\frac{1}{2}\ln\frac{1+r_{\hat{k}}}{1-r_{\hat{k}}} > \frac{z_{1-\alpha/2}}{\sqrt{N-3}}. \tag{5.21}$$

もし不等式が成立すれば，帰無仮説は棄却され，対立仮説が採用される。すなわち，鍵候補 $\hat{k}$ は正解と判定される。

しきい値をグラフで表示する。そのために，式 (5.21) において等号が成立するとき，すなわち

$$\frac{1}{2}\ln\frac{1+r_{\hat{k}}}{1-r_{\hat{k}}} = \frac{z_{1-\alpha/2}}{\sqrt{N-3}}, \tag{5.22}$$

を考える。式 (5.22) を $r_{\hat{k}}$ について解き，次式を得る。

$$r_{\hat{k}} = \frac{e^t-1}{e^t+1} \quad ただし \quad t = \frac{2z_{1-\alpha/2}}{\sqrt{N-3}}. \tag{5.23}$$

式 (5.23) を，いくつかの異なる有意水準 α についてプロットしたものを**図 5.9** に示す。図中の線が，得られた相関係数が棄却されるか否かの境界線である。

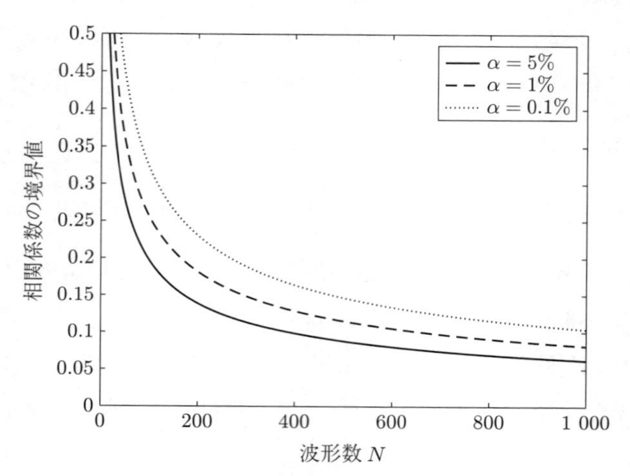

図 5.9　3 種類の有意水準 α に対する式 (5.23) のグラフ

5.6 対　　策　　法

本節では，電力サイドチャネル攻撃の重要な対策法である Threshold Implementation を説明する。5.6.1 項では，安全性の根拠となる安全性のモデルを述べる。その後，5.6.2 項において，Threshold Implementation の詳細を述べる。

5.6.1 プロービングモデル

安全性を測る一つの方法は攻撃を行ってみることである。前節で述べたように，暗号モジュールの安全性認証では，貫通試験において，実際に攻撃が試される。しかし，貫通試験は，つぎの点で不十分である。(i) 完成品がなくては安全性を測ることができない，(ii) 結果が試験者の技量に大きく依存する，(iii) 個別の事例しか存在しないため，一般的な議論ができない。そのため，貫通試験とは別の方法がほしい。

暗号理論の研究コミュニティでは，安全性が証明できることが重要な価値をもっている（**証明可能安全性**，provable security）。そのためには，(i) 安全を形式的に定義することと，(ii) ある対策技術が，その安全性を満たすことの証明が必要である。サイドチャネル攻撃においても，証明可能安全性をもつ対策法の開発は，研究における大目標の一つであった。

サイドチャネル攻撃の安全性を語る上での難しさは，リーケージモデル L にある。この L は，暗号モジュールがどのような実装をしているか（どのような回路をつくるか，どのような半導体技術でつくるか），また攻撃者がなにを計測できるか（どのような計測法を用いるか，どのような信号処理を行うか）を包含しなくてはいけない。しかし，実装方式も計測法もきわめて多様であり，一般性のある L を決めるのが難しかった。

プロービング攻撃は，攻撃者が暗号の演算中の情報の一部を盗み見ることができるという点で，サイドチャネル攻撃に類似している。ただし，プロービング攻撃においては，対象が論理回路に，計測方法がプロービングに限定されているため，リーケージを定義することが容易であった。***N* プロービングモデル**（*N*–probing model）とは，そのようなプロービング攻撃をする攻撃者を形式化したモデルである[6)]。N とは，攻撃者が使うことができるプローブの本数であり，攻撃者の強さのパラメータである。N プロービングモデルの攻撃者は，暗号化を要求するたび，暗号の計算における途中結果 N ビットを盗み見ることができる。

N プロービングモデルの下で安全であるとは，回路のどの N ビットを盗み見られても，計算がまったくリークしないことを表す。**マルチパーティ計算**（multi–party computation，**MPC**）と呼ばれる暗号技術の一種を応用すると，そのような回路を実際につくることができることが知られている[6)]。すなわち，N プロービングモデルに対しては，証明可能な対策法が存在する。さらに，いくつかの追加の仮定の下で，N プロービングモデルにおいて安全な実装は，サイドチャネル攻撃にも効果をもつ[8)]。そのため，プロービング攻撃に対して証明可能安全性をもつ対策法が，サイドチャネル攻撃対策として盛んに研究されている。

5.6.2 Threshold Implementation

本節では，1 プロービングモデルにおいて証明可能な安全性をもつ **Threshold Implementation**（**TI**）について述べる[7)]。

TI では，計算対象の値を，**シェア**（share）と呼ばれる値の組として表現する。以下では，特に要素数 3 のシェアについて考える。秘匿すべき変数 x のシェア $\overline{x}$ はつぎのように与えられる。

$$\overline{x} = \{x_a, x_b, x_c\} \quad \text{ただし} \quad x = x_a \oplus x_b \oplus x_c. \tag{5.24}$$

すなわち，$x = x_a \oplus x_b \oplus x_c$ を満たす三つ組 $\{x_a, x_b, x_c\}$ で，x を冗長に表現する。

例 29. $x \in \{0, 1\}$ を考える。x の値に対応するシェアを**表 5.6** に示す。

(例終)

表 5.6 1 ビット変数 x の 3 シェア表現

x	x_a	x_b	x_c
0	0	0	0
0	0	1	1
0	1	0	1
0	1	1	0
1	0	0	1
1	0	1	0
1	1	0	0
1	1	1	1

各シェアが均等（uniform）に分布する場合，シェア $\{x_a, x_b, x_c\}$ の真部分集合（proper subset）が盗み見られても，x に関する情報がまったくリークしないことを示すことができる。

例 30. 1 ビット変数 x と，そのシェア $\overline{x} = \{x_a, x_b, x_c\}$ を考える。各シェアは均等に現れる，すなわち $\Pr[x_a, x_b, x_c] = 1/8$ と仮定する。

シェアの真部分集合が盗み見られたときを考える。一般性を失わず，リークした真部分集合を $\{x_a, x_b\}$ とする。$\{x_a, x_b\}$ を観測した攻撃者から見た x の確率分布は，条件付き確率 $\Pr[x|x_a, x_b]$ で表現できる。**表 5.7** に，リークした値 $\{x_a, x_b\}$ と，対応する条件付き確率 $\Pr[x|x_a, x_b]$ を示す。表からわかるように，すべての $\{x_a, x_b\}$ について，$\Pr[x|x_a, x_b] = 1/2$ である。すなわち，攻撃者は x の値がまったくわからない状態である。言い換えれば，$\{x_a, x_b\}$ を見られたとしても，x に関する情報はまったくリークしない。

表 5.7 均等なシェアの例

x_a	x_b	x_c	$\Pr[x_a, x_b, x_c]$	x	$\Pr[x\|x_a, x_b]$
0	0	0	1/8	0	1/2
0	0	1	1/8	1	1/2
0	1	1	1/8	0	1/2
0	1	0	1/8	1	1/2
1	0	1	1/8	0	1/2
1	0	0	1/8	1	1/2
1	1	0	1/8	0	1/2
1	1	1	1/8	1	1/2

(例終)

例 31. 前の例では，$\Pr[x_a, x_b, x_c] = 1/8$ という条件により，各シェアが均等に分布するという条件が満たされていた。この例では，各シェアが均等でない場合を考える。極端な例として，

$$\Pr[x_a, x_b, x_c] = \begin{cases} \dfrac{1}{2} & ((x_a, x_b, x_c) = (0,0,0) \text{ または } (1,1,1)) \\ 0 & (\text{それ以外}) \end{cases},$$

を考える。

真部分集合 $\{x_a, x_b\}$ がリークしたとする。このとき，x_a, x_b を得た攻撃者から見た x の確率 $\Pr[x|x_a, x_b]$ を**表 5.8** に示す。この例において攻撃者は，$\{x_a, x_b\}$ から x の値を復元できる。なぜなら $(x_a, x_b) = (0, 0)$ ならば $x = 0$，$(x_a, x_b) = (1, 1)$ ならば $x = 1$ しかあり得ないためである。

表 5.8　均等ではないシェアの例

x_a	x_b	x_c	$\Pr[x_a, x_b, x_c]$	x	$\Pr[x\|x_a, x_b]$
0	0	0	1/2	0	1
0	0	1	0	1	0
0	1	1	0	0	–
0	1	0	0	1	–
1	0	1	0	0	–
1	0	0	0	1	–
1	1	0	0	0	0
1	1	1	1/2	1	1

(例終)

以上のように，シェアによりデータを表現することで，プロービング攻撃への耐性をもたせることができる。データだけなく，関数や写像にも同じ性質をもたせることができれば，暗号演算全体にプロービング攻撃耐性を与えることができる。対象として写像 $X = \psi(x)$ を考える。シェア $\overline{x} = \{x_a, x_b, x_c\}$ を用いて ψ を安全性を保ちながら計算したい。そのために，写像 ψ を写像の組 $\{\psi_a, \psi_b, \psi_c\}$ に分割する。

$$X_a = \psi_a(x_b, x_c), \quad X_b = \psi_b(x_c, x_a), \quad X_c = \psi_c(x_a, x_b). \tag{5.25}$$

ただし，$\{X_a, X_b, X_c\}$ は出力のシェアである。式 (5.25) を図示したものを図 **5.10** に示す。以上のような写像の組をシェア写像（shared function，shared mapping）と呼ぶ。TI において，シェア写像 ψ_a, ψ_b, ψ_c には，*Correctness*, *Non–completeness*，および *Uniformity* の 3 要件が求められる。

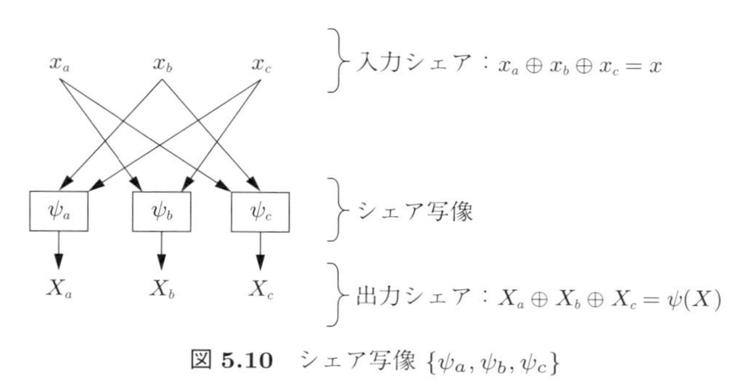

図 5.10　シェア写像 $\{\psi_a, \psi_b, \psi_c\}$

Correctness　　シェア写像 $\{\psi_a, \psi_b, \psi_c\}$ を用いて，元の写像 ψ と同じ計算ができなくてはいけない。すなわち，

$$\psi(x) = X = X_a \oplus X_b \oplus X_c = \psi_a(x_b, x_c) \oplus \psi_b(x_c, x_a) \oplus \psi_c(x_a, x_b),$$

を満たすとき，シェア写像 $\{\psi_a, \psi_b, \psi_c\}$ は *Correctness* を満たす（*Correct* である）という。

Non–Completeness　　シェア写像を構成するすべての写像 ψ_a，ψ_b，および ψ_c が，入力シェア $\{x_a, x_b, x_c\}$ の真部分集合しか利用しないとき，シェア写像 $\{\psi_a, \psi_b, \psi_c\}$ は *Non–Completeness* を満たす（*Non–Complete* である）という。式 (5.25) において，写像 ψ_a，ψ_b，ψ_c は，真部分集合 $\{x_b, x_c\}$，$\{x_c, x_a\}$，および $\{x_a, x_b\}$ のみを引数とするものと記述した。そのため，式 (5.25) のシェア写像 $\{\psi_a, \psi_b, \psi_c\}$ は *Non–Completeness* を満たす。

Non–Completeness は，安全性の要である。プローブを 1 本もつ攻撃者を考える。攻撃者は，写像 ψ_a，ψ_b，ψ_c のいずれか一つしかプローブできない。*Non–Completeness* により，各写像は，シェア $\overline{x} = \{x_a, x_b, x_c\}$ の真部分集合に関する情報しかもたない。そのため，入力シェアが均等であれば，写像を

一つだけプロービングしただけでは，元の値 x に関する情報はまったく得られない。

例 32.　式 (5.25) のシェア写像について，攻撃者が写像 ψ_a をプローブしたと仮定する。このとき，攻撃者の得ることができる情報はたかだか $\{x_b, x_c\}$ であり，元の値 x を復元するには x_a が足りない。　(例終)

例 33.　プローブを 2 本もつ攻撃者を考える。式 (5.25) のシェア写像は，そのような攻撃に耐えることができない。攻撃者が，ψ_a と ψ_b をプローブしたと仮定する。攻撃者は，ψ_a と ψ_b から，$\{x_b, x_c\}$ と $\{x_c, x_a\}$ の情報を取得できる可能性がある。その場合，シェア $\{x_a, x_b, x_c\}$ をすべてそろえ，元の値 x を復元できる。　(例終)

Uniformity　安全性のためには，シェアが均等である必要があると述べた。特に例 31 では，シェアが均等でないとき，シェアの真部分集合から，元の値がリークしてしまう例を示した。

まず，「シェアが均等に現れる」ということを定義する。入力 x とそのシェア $\overline{x} = \{x_a, x_b, x_c\}$ を考える。入力 x の確率分布を $\Pr[x]$，シェアの確率分布を $\Pr[x_a, x_b, x_c]$ と書く。つぎの条件を満たすとき，シェアは均等であるという。

$$\Pr[x_a, x_b, x_c] = \frac{\Pr[x = x_a \oplus x_b \oplus x_c]}{\alpha}. \tag{5.26}$$

ただし，α はある定数である。すなわち，x のとりうる各値について，対応するシェアが同じ割合で出現するとき，均等であるという。

例 34.　1 ビット変数のシェア $\overline{x} = \{x_a, x_b, x_c\}$ が分布 $\Pr[x_a, x_b, x_c] = 1/8$ に従うと仮定する。このとき，$\Pr[x]$ と $\Pr[x_a, x_b, x_c]$ の関係を表 **5.9** に示す。表より，すべてのシェア $\{x_a, x_b, x_c\}$ について

$$\Pr[x_a, x_b, x_c] = \frac{1}{8} = \frac{\Pr[x_a \oplus x_b \oplus x_c]}{4},$$

であり，式 (5.26) を満たすことが確認できる。

表 **5.9**　Uniform となる例

x	x_a	x_b	x_c	$\Pr[x]$	$\Pr[x_a, x_b, x_c]$
0	0	0	0	1/2	1/8
0	0	1	1	1/2	1/8
0	1	0	1	1/2	1/8
0	1	1	0	1/2	1/8
1	0	0	1	1/2	1/8
1	0	1	0	1/2	1/8
1	1	0	0	1/2	1/8
1	1	1	1	1/2	1/8

(例終)

例 35.　1 ビット変数 x の分布には0/1の偏りがあり，

$$\Pr[x] = \begin{cases} \dfrac{3}{4} & (x = 0) \\ \dfrac{1}{4} & (x = 1) \end{cases},$$

で与えられるとする。このとき，$\overline{x} = \{x_a, x_b, x_c\}$ の分布 $\Pr[x_a, x_b, x_c]$ が表 **5.10** で与えられるとする。$x = 0$ のとき，

$$\Pr[x_a, x_b, x_c] = \frac{3}{16} = \frac{\Pr[x = 0]}{4},$$

である。また，$x = 1$ のとき，

$$\Pr[x_a, x_b, x_c] = \frac{1}{16} = \frac{\Pr[x = 1]}{4},$$

表 **5.10**　Uniform となる例

x	x_a	x_b	x_c	$\Pr[x]$	$\Pr[x_a, x_b, x_c]$
0	0	0	0	3/4	3/16
0	0	1	1	3/4	3/16
0	1	0	1	3/4	3/16
0	1	1	0	3/4	3/16
1	0	0	1	1/4	1/16
1	0	1	0	1/4	1/16
1	1	0	0	1/4	1/16
1	1	1	1	1/4	1/16

である。よって，シェア $\{x_a, x_b, x_c\}$ は均等である。

(例終)

ここまで，シェアが均等であることについて述べた。*Uniformity* は，シェアではなく，シェア写像に関する性質である。シェア写像 $\{\psi_a, \psi_b, \psi_c\}$ への入力シェアを $\{x_a, x_b, x_c\}$，出力シェアを $\{X_a, X_b, X_c\}$ と置く（式 (5.25) を参照）。入力シェア $\{x_a, x_b, x_c\}$ が均等ならば，出力シェア $\{X_a, X_b, X_c\}$ も均等になるとき，シェア写像 $\{\psi_a, \psi_b, \psi_c\}$ は *Uniformity* をもつ（Uniform である）という。

例 36. 変数 x に対し，二つの写像 ψ と ϕ を適用し，出力 X を得ることを考える。

$$X = \phi(t), \qquad t = \psi(x). \tag{5.27}$$

$x, t,$ および X のシェアを $\{x_a, x_b, x_c\}$，$\{t_a, t_b, t_c\}$，および $\{X_a, X_b, X_c\}$ と書く。また，ψ と ϕ のシェア写像を，それぞれ $\{\psi_a, \psi_b, \psi_c\}$ と $\{\phi_a, \phi_b, \phi_c\}$ とする。このとき，シェアとシェア写像の関係はつぎのようになる。

$$\begin{aligned} &\{x_a, x_b, x_c\} \overset{\{\psi_a, \psi_b, \psi_c\}}{\longmapsto} \{t_a, t_b, t_c\}, \\ &\{t_a, t_b, t_c\} \overset{\{\phi_a, \phi_b, \phi_c\}}{\longmapsto} \{X_a, X_b, X_c\}. \end{aligned} \tag{5.28}$$

式 (5.28) の写像を図 **5.11** に示す。

入力シェア $\{x_a, x_b, x_c\}$ は均等だと仮定する。もし $\{\psi_a, \psi_b, \psi_c\}$ が *Uniformity* をもつならば，中間シェア $\{t_a, t_b, t_c\}$ は均等である。よって，後半部 $\{\phi_a, \phi_b, \phi_c\}$ を安全に計算するための前提条件が満たされている。

一方，もし $\{\psi_a, \psi_b, \psi_c\}$ が *Uniformity* をもたないならば，中間シェア $\{t_a, t_b, t_c\}$ は均等ではない。よって，後半部 $\{\psi_a, \psi_b, \psi_c\}$ を安全に計算するための前提条件は満たされておらず，攻撃を受ける可能性がある。

以上の例で示したように，*Uniformity* により，複数の写像を適用したときでも，中間や出力のシェアを均等に保つことができる。この性質を用いれば，

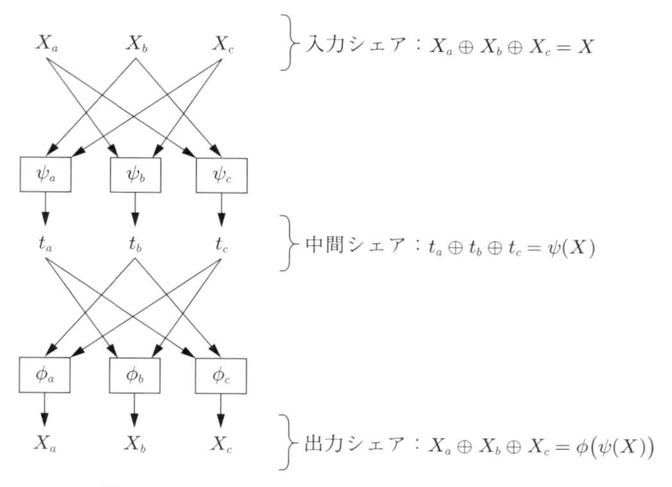

図 5.11　シェア写像 $\{\psi_a, \psi_b, \psi_c\}$ と $\{\phi_a, \phi_b, \phi_c\}$

単純な写像から，S–box のような複雑な演算の TI を構成することが可能となる。　(例終)

つぎの例に示すように，線形写像のシェア写像は簡単につくることができる。

例 37.　全単射の線形関数 $X = f_L(x)$ を考える。それに対し，以下のシェア写像を考える。

$$X_a = f_L(x_a), \qquad X_b = f_L(x_b), \qquad X_c = f_L(x_c).$$

各写像は x_a, x_b, x_c にしか依存しないので，シェア写像 $\{f_L, f_L, f_L\}$ は *Non-Completeness* を満たす。また，

$$\begin{aligned} X_a \oplus X_b \oplus X_c &= f_L(x_a) \oplus f_L(x_b) \oplus f_L(x_c) \\ &= f_L(x_a \oplus x_b \oplus x_c) \qquad (\because \text{ 線形性より}) \\ &= f_L(x), \end{aligned}$$

であるため，シェア写像 $\{f_L, f_L, f_L\}$ は *Correctness* を満たす。写像 f_L が全単射であるため，入力シェア $\{x_a, x_b, x_c\}$ と出力シェア $\{X_a, X_b, X_c\}$ の関

係もまた全単射であり，出力シェアと入力シェアの確率分布は等しい。よって，入力シェアが均等ならば，出力シェアも均等である。そのため，シェア写像 $\{f_L, f_L, f_L\}$ は *Uniformity* を満たす。 (例終)

以上のように，線形関数の TI は簡単につくることができる。しかし，非線形関数において，Uniformity を満たす TI をつくることは一般に難しい。そのため，暗号で用いられる S–box などの関数・写像の TI を構成する方法の研究が進められている。最後に，非線形関数のシェア写像の例を二つ示す。

例 38. いま，1 ビット AND のシェア写像を考える。$x, y \in \{0, 1\}$ に対して，$z = \psi(x, y) = x \wedge y$ である。x, y, z のシェアを，それぞれ $\{x_a, x_b, x_c\}$, $\{y_a, y_b, y_c\}$, $\{z_a, z_b, z_c\}$ と書く。

まず，*Correctness* を満たすシェア写像の構成法を考える。$x = x_a \oplus x_b \oplus x_c$, $y = y_a \oplus y_b \oplus y_c$ を $z = x \wedge y$ に代入して展開することで，次式を得る。

$$
\begin{aligned}
z_a \oplus z_b \oplus z_c &= (x_a \oplus x_b \oplus x_c) \wedge (y_a \oplus y_b \oplus y_c) \\
&= (x_a \wedge y_a) \oplus (x_a \wedge y_b) \oplus (x_a \wedge y_c) \oplus (x_b \wedge y_a) \\
&\quad \oplus (x_b \wedge y_b) \oplus (x_b \wedge y_c) \oplus (x_c \wedge y_a) \oplus (x_c \wedge y_b) \oplus (x_c \wedge y_c).
\end{aligned}
$$

右辺が九つの部分積（2 項式）の和であることに注意されたい。これらの部分積をシェア写像の各写像に割り振ればよい。*Non–completeness* を満たすようにうまく選ぶことで，つぎのシェア写像 $\{\psi_a, \psi_b, \psi_c\}$ を得る。

$$
\begin{aligned}
z_a &= \psi_a(x_b, x_c, y_b, y_c) = (x_b \wedge y_b) \oplus (x_b \wedge y_c) \oplus (x_c \wedge y_b), \\
z_b &= \psi_b(x_c, x_a, y_c, y_a) = (x_c \wedge y_c) \oplus (x_c \wedge y_a) \oplus (x_a \wedge y_c), \\
z_c &= \psi_c(x_a, x_b, y_a, y_b) = (x_a \wedge y_a) \oplus (x_a \wedge y_b) \oplus (x_b \wedge y_a). \quad (5.29)
\end{aligned}
$$

$\{\psi_a, \psi_b, \psi_c\}$ は，その構成法により，*Correctness* と *Non–Completeness* を満たす。

一方，$z = 0$ および $z = 1$ のときの出力シェアの確率分布 $\Pr[z_a, z_b, z_c]$ を，**表 5.11** に示す。表からわかるように，出力シェアは均等ではない。よって，

表 **5.11**　シミュレーションにより求めた出力シェアの確率分布

(a)　$z=0$ のとき

z_a	z_b	z_c	$\Pr[z_a, z_b, z_c]$
0	0	0	21/48
1	1	0	9/48
0	1	1	9/48
1	0	1	9/48

(b)　$z=1$ のとき

z_a	z_b	z_c	$\Pr[z_a, z_b, z_c]$
1	0	0	5/16
0	0	1	5/16
0	1	0	5/16
1	1	1	1/16

$\{\psi_a, \psi_b, \psi_c\}$ は *Uniformity* を満たさない。

(例終)

例 39.　図 **5.12** に示すように，1 ビット AND にいくつか入出力を付け加えた写像を考え

$$\{x, y, z\} \stackrel{\Psi}{\longmapsto} \{X, Y, Z\},$$

と書く。ただし，x, y, z，および X, Y, Z はいずれも 1 ビット変数である。Ψ を式で書くとつぎのようになる。

$$X = x, \qquad Y = y, \qquad Z = (x \wedge y) \oplus z. \tag{5.30}$$

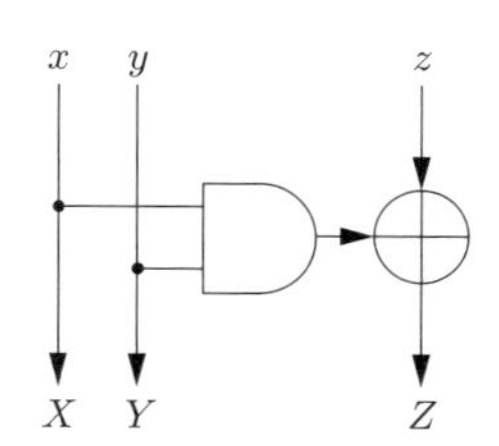

図 **5.12**　3 ビット入出力の写像 Ψ

シェア写像 $\{\Psi_a, \Psi_b, \Psi_c\}$ をつぎのように定義する。

$$\{x_b, x_c, y_b, y_c, z_b, z_c\}, \stackrel{\Psi_a}{\longmapsto} \{X_a, Y_a, Z_a\},$$

$$\{x_c, x_a, y_c, y_a, z_c, z_a\}, \stackrel{\Psi_b}{\longmapsto} \{X_b, Y_b, Z_b\},$$

$$\{x_a, x_b, y_a, y_b, z_a, z_b\}. \stackrel{\Psi_c}{\longmapsto} \{X_c, Y_c, Z_c\}.$$

ただし，各項の関係はつぎのとおりである。

$$
\begin{aligned}
X_a &= x_b, & Y_a &= y_b, & Z_a &= \psi_a(x_b, x_c, y_b, y_c) \oplus z_c, \\
X_b &= x_c, & Y_b &= y_c, & Z_b &= \psi_b(x_c, x_a, y_c, y_a) \oplus z_a, \\
X_c &= x_a, & Y_c &= y_a, & Z_c &= \psi_c(x_a, x_b, y_a, y_b) \oplus z_b.
\end{aligned} \tag{5.31}
$$

なお, $\{\psi_a, \psi_b, \psi_c\}$ は, 式 (5.29) のシェア写像である。シェア写像 $\{\Psi_a, \Psi_b, \Psi_c\}$ が *Correctness* を満たすことは，つぎのように確認できる。

$$
\begin{aligned}
X &= X_a \oplus X_b \oplus X_c = x_b \oplus x_c \oplus x_a = x, \\
Y &= Y_a \oplus Y_b \oplus Y_c = y_b \oplus y_c \oplus y_a = y, \\
Z &= \psi_a(x_b, x_c, y_b, y_c) \oplus \psi_b(x_c, x_a, y_c, y_a) \oplus \psi_c(x_a, x_b, y_a, y_b) \\
&\qquad \oplus z_b \oplus z_c \oplus z_a \\
&= (x \wedge y) \oplus z.
\end{aligned} \tag{5.32}
$$

また, シェア写像 $\{\Psi_a, \Psi_b, \Psi_c\}$ は, それぞれ $\{x_a, y_a, z_a\}$, $\{x_b, y_b, z_b\}$, $\{x_c, y_c, z_c\}$ に依存しないため，*Non–Completeness* を満たす。

つぎに示すように，出力シェアから入力シェアを復元することができる。

$$
\begin{aligned}
x_a &= X_c, & y_a &= Y_c, & z_a &= \psi_b(X_b, X_c, Y_b, Y_c) \oplus Z_b, \\
x_b &= X_a, & y_b &= Y_a, & z_b &= \psi_c(X_c, X_a, Y_c, Y_a) \oplus Z_c, \\
x_c &= X_b, & y_c &= Y_b, & z_c &= \psi_a(X_a, X_b, Y_a, Y_b) \oplus Z_a.
\end{aligned} \tag{5.33}
$$

すなわち，$\{\psi_a, \psi_b, \psi_c\}$ は全単射である。よって，出力シェアの確率分布は入力シェアの確率分布に等しい。そのため，入力シェアが均等であれば出力シェアは均等である。よって, シェア写像 $\{\psi_a, \psi_b, \psi_c\}$ は *Uniformity* を満たす。（例終）

引用・参考文献

1) P. Kocher：“Timing Attacks on Implementations of Diffie–Hellman, RSA, DSS, and Other Systems,” in CRYPTO 1996, pp.104–113 (1996)
2) P. Kocher, J. Jaffe and B. Jun：“Differential Power Analysis,” in CRYPTO 1999, pp.388–397 (1999)
3) P. Kocher, R. Lee, G. McGraw and A. Raghunathan：“Security as a New Dimension in Embedded System Design,” in DAC 2004, pp.753–760 (2004)
4) S. Mangard, E. Oswald and T. Popp：Power Analysis Attacks — Revealing the Secrets of Smart Cards, Springer (2007)
5) E. Brier, C. Clavier and F. Olivier：“Correlation Power Analysis with a Leakage Model,” in CHES 2004, pp.16–29 (2004)
6) Y. Ishai, A. Sahai and D.A. Wagner：“Private Circuits: Securing Hardware against Probing Attacks,” in CRYPTO 2003, pp.463–481 (2003)
7) S. Nikova, V. Rijmen and M. Schläffer：“Secure Hardware Implementation of Nonlinear Functions in the Presence of Glitches,” *J. Cryptology*, Vol.24, No.2, pp.292–321 (2011)
8) A. Duc, S. Dziembowski and S. Faust：“Unifying Leakage Models: From Probing Attacks to Noisy Leakage,” in EUROCRYPT 2014, pp.423–440 (2014)

6 フォールト攻撃

5 章で扱ったサイドチャネル攻撃は，1996 年の Kocher によるタイミング攻撃[1)]をさきがけとして，電力解析攻撃，電磁波解析攻撃へと発展していった[2)]。これらの攻撃は，暗号システムの想定外の情報チャネルを用いて，暗号処理動作に影響を及ぼすことなく内部情報を取得するため，**パッシブ攻撃**と呼ばれる。暗号システムに故意に故障/フォールトを誘発させ内部情報を解析する**フォールト解析**（fault analysis）は，1996 年に Boneh，Demillo，Lipton によって最初に提案された[3)]。その後，Biham と Shamir により，共通鍵暗号に対するフォールト解析へと発展した[4)]。フォールト解析による攻撃（フォールト攻撃）は，暗号理論研究では存在しない情報チャネルを用いて，暗号アルゴリズム処理中に故意にエラーを引き起こし，そのエラーに対するシステムの反応を観測し，得られた情報を解析することで内部の情報を取得する攻撃である。フォールト攻撃は，攻撃対象に対してなんらかの影響を与えることが前提であるため，**アクティブ攻撃**と呼ばれる[†]。本章では，フォールト攻撃の概要を説明した後に，RSA 暗号と AES 暗号に対する代表的な攻撃をいくつか取り上げ，その詳細について説明する。

6.1 フォールト攻撃の概要

フォールト攻撃によって，攻撃者が暗号鍵などの秘密情報を取得するためには，攻撃者の意図するフォールトを暗号アルゴリズムに誘発させなければならない。攻撃者の意図するフォールト解析を実行するためには，大きく二つの仮定を設定する必要がある。

---

† サイドチャネル攻撃という術語は，フォールト攻撃を含め，想定外のチャネルを利用した攻撃全般に広く使われる傾向にある。

一つ目は，フォールトを暗号アルゴリズムに誘発させるための仮定である。暗号ハードウェアには，通常，一過性のフォールト（transient fault）を検知するセンサや，入力信号のノイズを除去する回路が搭載されている。攻撃者は，これらの対策回路を回避（bypass）できると仮定する。二つ目は，フォールトを誘発する際の時空間分解能に関するものである。攻撃者は，攻撃対象（attack target）になんらかの物理的な刺激を与えることで，暗号アルゴリズムの所望のステップに所望のフォールトを誘発できるものとする。攻撃者がフォールトを誘発するために講じる攻撃手法を，ここでは**フォールト誘発（fault induction）法**と呼ぶ。フォールト誘発法としては，暗号ハードウェアのクロックとして異常信号を供給したり，回路に直接レーザを照射したりすることが知られている。時空間分解能の低いフォールト誘発の場合には，ノイズ情報が混入したフォールト解析が必要となる。結果として，解析の実行が不可能となるほどフォールト解析時の計算量が増大することがある。以降，本書では，このような強力な攻撃者を想定して，暗号アルゴリズムへの攻撃に限定した議論を進める。

フォールト攻撃の基本は，フォールトにより影響を受けた暗号アルゴリズムの再現を試みることにある。より具体的には，フォールトの状態を形式化した**フォールトモデル**（fault model）と攻撃時に得られた**誤り出力**（faulty output）を用いて，攻撃時の暗号アルゴリズム動作を**模擬する**（simulate）。結果として，暗号鍵の絞り込み，あるいは導出が可能となる。ただし，攻撃者が実際に誘発したフォールトは，フォールトモデルと一致していなければならない。通常，フォールトモデルは，フォールト誘発における攻撃者の制御能力により決定される。例えば，異常なクロック信号を用いてフォールトを誘発する攻撃者は，実際に生じるフォールトはバイト単位となることが多いため，**バイトフォールト**（byte fault）をモデルとすることが自然である。一方，レーザを用いて1ビット単位でフォールトを誘発できる攻撃者は，**ビットフォールト**（bit fault）をモデルとして用いることができる。他にも，複数サイクルにわたる演算処理中であればどのようなフォールトでもよいとする**ランダムフォールト**（random fault）をモデルにする攻撃なども存在する。この場合には，フォールト誘発における高い制御性を必要としない。

フォールト攻撃は，アクティブ攻撃であるため，パッシブ攻撃の**セキュリティ構成評価**（security configuration assessment，**SCA**）とは異なる観点で研究が進められてきた。しかし最近になり，アクティブ攻撃とパッシブ攻撃を複合した攻撃が提案されている。2010年に提案された**故障感度解析**（fault sensitivity analysis，**FSA**）を用いた攻撃（**FSA攻撃**）は，フォールトの誘発を必要とする攻撃であるが，秘密鍵情報を取得する際の統計処理には，SCAの解析技術が用いられている[5)]。FSA攻撃では，フォールトモデルを用いずに，フォールトの発生の有無をモデル化して解析を行う。この手法が，SCAと類似しているのである。FSA攻撃の詳細は，6.3.4項で説明する。

6.1.1 フォールト誘発法

フォールト攻撃の脅威を正しく把握するためには，フォールト攻撃時に仮定するフォールトモデルの実現性を確認しなければならない。**グリッチ**（glitch）と呼ばれるスパイク信号を意図的に挿入し，回路にフォールトを誘発する**クロックグリッチ**を用いたフォールト攻撃は，実現性の高い攻撃として知られている。**図6.1**は，クロック信号にグリッチを挿入した異常クロック信号の概形である。同期式回路は，クロック信号の立ち上がりで回路の状態が遷移するため，グリッチの立ち上がりは誤ってクロックの立ち上がりと認識される。本来のクロック信号の立ち上がりも同様に正しいクロック立ち上がりと認識される。この結果，

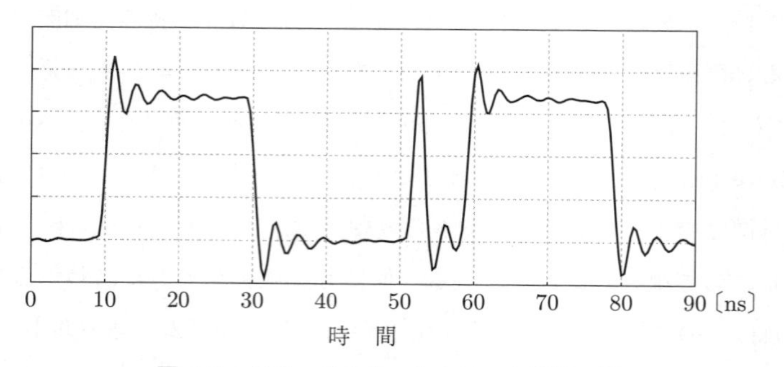

図6.1 グリッチの入ったクロック信号の例

対象回路は短期的に**オーバークロック**（overclock）された状態になり，**セットアップタイミング違反**（setup time violation）が生じ，フォールトが発生する。

クロックグリッチを用いて，所望のフォールトモデルを実現するためには，つぎの二つの要件が求められる。

- **時間分解能：**　グリッチが入るタイミングがクロックに同期していること
- **フォールト強度：**　グリッチ挿入による異常なクロック周期の変更ができること

時間分解能については，特定の処理を行っているタイミングを選択するために必要である。一方，フォールト強度については，フォールトが生じるデータ数を制御するために必要となる。現実的な計算量で，誤り暗号文から鍵を導出できるようなフォールトは，例えば，AES 暗号の 8 ラウンド目で 1 バイトのフォールトを誘発させることが，攻撃者にとって都合がよい（詳しくは 6.3.3 項を参照）。

他のフォールト誘発手法を用いることで，フォールトモデル実現のための要件が異なる。例えば，レーザ照射を用いた攻撃の場合には，求められる要件は三つになる。

- **空間分解能：**　レーザ照射位置が制御できること
- **時間分解能：**　レーザ照射タイミングがクロックに同期していること
- **フォールト強度：**　レーザの照射時間（パルス幅）が変更できること

最初の空間分解能に関する要件は，クロックグリッチを用いた攻撃ではなかったものである。レーザを用いたフォールトの誘発は，一般に必要となる設備のコストが高くなるといったデメリットはあるが，暗号アルゴリズムに合わせてより多くのフォールトモデルを実現できる可能性がある。例えば，AES 暗号の最終ラウンドのフォールト攻撃は，クロックグリッチによるバイトフォールトモデルでは不可能だが，1 ビットフォールトを誘発できるレーザ攻撃では可能となる（詳しくは 6.3.3 項を参照）。

以降，RSA 暗号および AES 暗号への代表的なフォールト攻撃を紹介する。

6.1.2 解析技術によるフォールト攻撃の分類

表 6.1 に示すとおり，これまでのフォールト解析に関する研究は，大きく三つの型に分類される。フォールトが暗号アルゴリズムの出力に影響を与え，正しい出力値と誤り出力値の差分を解析する**差分解析**（differential analysis）**型**，ダミー演算のフォールトが暗号アルゴリズムの出力値に影響しないことを利用する**セーフエラー**（safe error）**型**，およびフォールトが発生するフォールト強度が，暗号アルゴリズムの中間値に依存することを利用する**故障感度**（fault sensitivity）**型**である。

表 6.1 代表的なフォールト解析

	故障差分型	セーフエラー型	故障感度型
情報漏えいのメカニズム	フォールト発生による出力差分値が秘密鍵に依存する	ダミー演算のフォールトが出力値に影響しない	フォールト発生時のフォールト強度が中間値に依存する
同じ暗号処理	必要（2 回）	不要	必要（複数回）
ダミー演算	不要	必要	不要
誤り出力値	必要	不要	不要

故障差分解析型の代表的な解析例は，Boneh，Demillo，Lipton により提案された，**中国人剰余定理**（Chinese remainder theorem，**CRT**）を用いた RSA に対する Bellcore 攻撃である[3)]。特定の演算ステップにフォールトを誘発し，その際の誤り値と本来正しい値との差分を解析することで，内部の秘密情報を導出するものである。Bellcore 攻撃の詳細は 6.2.2 項を参照されたい。その後，Biham と Shamir により，共通鍵暗号に対する故障差分解析へと発展した[4)]。AES 暗号へのフォールト攻撃の多くは，この差分解析型の考え方に基づいている。故障差分型の攻撃は，その名のとおり差分が必要となるため，同じ平文を用いた暗号処理が少なくとも 2 回は必要になる。

セーフエラー型の攻撃は，Yen と Joye によって提案された[6)]。暗号アルゴリズム中に，出力結果に影響のないダミー演算が存在する場合に想定される攻撃である。この攻撃では，フォールトが誘発されていることを攻撃者が確認できていて，なおかつ出力結果にフォールトの影響がない状況をつくり込む。こうすることで，攻撃者は，ダミー演算が実行されていることを知ることができ，暗号アルゴリズムから暗号鍵を復元することができる。6.2.1 項で詳しく説明するが，例えば，アルゴリズム 10 のステップ 7（ダミー演算）が攻撃の対象となる。このダミー演算は，タイミング攻撃耐性を高めるために追加したものであるが，皮肉なことに，セーフエラー攻撃にとっては好都合となってしまう。暗号アルゴリズムレベルで，タイミング攻撃とセーフエラー攻撃の両方の耐性をもつとされるものは，モンゴメリーラダー法（アルゴリズム 13 およびアルゴリズム 18）といったアルゴリズムである。

故障感度型の解析は，FSA が代表的である[5)]。従来の差分解析型のフォールト解析で必要であった誤り出力値が不要となり，エラー発生の有無を知るだけで暗号アルゴリズムの内部情報を推定することができる。したがって，差分解析型のフォールト解析に対する攻撃防御策として，誤り出力値を出力しない（例えば 0 値を出力する）ような対策が考えられるが，FSA 攻撃に対しては有効ではない。ただし，フォールト発生の有無をフォールト誘発強度を調整して調べる必要があるため，同じ平文を用いた暗号処理が複数回必要になる。

6.2 RSA 暗号へのフォールト攻撃

ここでは，RSA 暗号に対するフォールト攻撃として，セーフエラー攻撃と Bellcore 攻撃を紹介する。

6.2.1 セーフエラー攻撃

3.4.5 項で紹介したダミー演算付き右向きバイナリー法は，タイミング攻撃を回避する基本的なアルゴリズムであるが，**セーフエラー攻撃**に対しては脆弱である。アルゴリズム 10 のステップ 7 は，ダミー演算であるため，その結果は以降の計算に使われない。もし攻撃者が，アルゴリズムの特徴を知っていれば，ステップ 5 あるいはステップ 7 の実行中に故障を誘発し，演算結果のエラーの有無を調べることで，プライベート鍵の 1 ビットを知ることができる。具体的には，エラー結果が観測されれば $d_i = 1$ であり，そうでなければ $d_i = 0$ であることがわかる。ダミー演算付き左向きアルゴリズム 11 でも同様で，ステップ 4 あるいはステップ 6 に対応する剰余乗算がセーフエラー攻撃のターゲットとなる。アルゴリズム 12 に示すダミー演算付き左向きバイナリ法の並列処理をハードウェアで実装した場合でも，同様にセーフエラー攻撃は可能である。ただし，ステップ 6 における剰余乗算（$ST \bmod n$）だけにフォールトを誘発できるレーザフォールト攻撃は，クロックグリッチよりも攻撃回数が少なくなり，攻撃効率が高くなることが考えられる。

セーフエラー攻撃は，エラーが発生しないことを利用するため，誤り検出（6.3.5 項 参照）による対策は有効ではない。基本的な対策として，演算結果に影響を及ぼさないダミー演算をなくすことが考えられる。素朴なバイナリ法（アルゴリズム 8 など）は，セーフエラー攻撃対策となりうるが，タイミング攻撃に対する耐性は失う。ダミー演算を使わずにタイミング攻撃に対する耐性を維持するアルゴリズムは，モンゴメリーラダー法である。また，ダミー演算を他の演算と並列処理することもセーフエラー攻撃対策として考えられる。並列化したダミー演算付き左向きバイナリ法はその一つである。鍵ビットの評価の順が異なるだけであり，剰余乗算の処理シーケンス自体は，モンゴメリーラダー法と同じである。

演習問題 29. アルゴリズム 12 へのセーフエラー攻撃において，クロックグリッチを用いたフォールト攻撃が無効となる場合を説明せよ。 (問終)

6.2.2 Bellcore 攻撃

計算処理の重い RSA 暗号を効率よく実装する方法として，中国人剰余定理を用いた RSA–CRT が知られている。アルゴリズム 22 は，RSA–CRT の復号処理である。

通常の RSA 暗号における剰余演算の法は，n（$= pq$）である。一方，RSA–CRT の場合，法が p および q となり，n と比べてビットサイズが半分となる。

アルゴリズム **22** CRT を用いた RSA の復号処理

Input: non–negative integers c, p, q, $d_p = d \bmod (p-1)$, $d_q = d \bmod (q-1)$,
$i_q = q^{-1} \bmod p$.
Output: m.
1: $c_p \leftarrow c \bmod p$
2: $c_q \leftarrow c \bmod q$
3: $m_p \leftarrow c_p^{d_p} \bmod p$
4: $m_q \leftarrow c_q^{d_q} \bmod q$
5: $m \leftarrow \{(m_p - m_q)i_q \bmod p\}\, q + m_q$
6: Return m

つまり，アルゴリズム 22 のステップ 3, 4 で処理されるべき剰余演算の計算量を，大幅に削減することができる[†] また，ステップ 3, 4 間にはデータ依存性がないため，並列処理による高速ハードウェア実装が可能という利点もある。

Bellcore 攻撃は，RSA–CRT に対する**故障差分解析**（differential fault analysis，**DFA**）である。DFA を用いた攻撃は，**DFA 攻撃**と呼ばれる。DFA 攻撃の攻撃者は，アルゴリズム 22 のステップ 3 の演算中にフォールトを誘発させることで，誤りのある m'_p（$\neq m_p$）を得る。その後 m'_p は，ステップ 5 で処理され，

$$m' = \left\{(m'_p - m_q)i_q \bmod p\right\} q + m_q\,, \tag{6.1}$$

が出力される。出力値の差分 $m - m'$ を計算すると，

$$\begin{aligned} m - m' &= \{(m_p - m_q)i_q \bmod p\}\, q + m_q \\ &\quad - \left\{(m'_p - m_q)i_q \bmod p\right\} q - m_q \\ &= \left\{(m_p - m'_p)i_q \bmod p\right\} q\,, \end{aligned} \tag{6.2}$$

となり，$m - m'$ が q の倍数であることがわかる。したがって，$\gcd(m - m', n) = q$ と計算することで，プライベート鍵である q を導出することができる。ここで着目すべき点は，解析に必要となるフォールトの実現の容易さである。ステップ 3 の剰余乗算は，複数サイクルをかけて実行するものであるため，高い時間分

---

† 通常の RSA 暗号と比べて，ステップ 3, 4 の計算量はそれぞれ 1/8 程度となる。

解能を必要としないからである。また，m'_p $(\neq m_p)$ となればどのようなフォールトが発生してもよいため，フォールト強度に関する制御も厳密でなくてよい。このように，Bellcore 攻撃におけるフォールトモデルの実現性は高い。Bellcore 攻撃を防ぐためには，6.3.5 項で説明する技術などを用いて故障を検出し，m' を出力しないようにする対策が考えられる。

6.3　AES 暗号へのフォールト攻撃

Bellcore 攻撃は，フォールトモデルと解析技術はきわめて単純であるが，CRT–RSA 暗号に特化した DFA 攻撃である。一方，後に Biham と Shamir によって提案された DFA 攻撃[4)]は，アルゴリズムに合わせたフォールトモデルや解析技術を必要とするものの，あらゆる共通鍵暗号に容易に適用できる攻撃である。本書では，これまで多くの研究者が検討を行い，結果として数多くの攻撃法が提案されている AES 暗号への DFA 攻撃について説明する。まず，AES 暗号の S–box の差分に対する基本的な特徴を説明し，フォールトモデルと鍵導出の関係について説明する。簡単な攻撃例を示した後に，AES 暗号への 8 ラウンド DFA 攻撃である Piret と Quisquater による攻撃[8)]を説明する。いずれの攻撃も，秘密鍵の特定のためには，ある平文に対する**正しい暗号文と誤り入り暗号文ペア**（pairs of correct and faulty ciphertexts）が必要である。暗号文ペアの数は，DFA 攻撃の効率指標として用いられることが多いため，一つの暗号文ペアで攻撃者が得ることができる情報量に注意して説明をする。また，FSA 攻撃の概要についても説明を行い，最後に攻撃への対策に対する考え方を紹介する。

6.3.1　S–box の差分特性

2 章でも説明したとおり，AES 暗号の唯一の非線形関数は，`SubBytes` である。S–box は，`SubBytes` を構成する置換であり，全単射性を有する。さらに，その差分特性については，いくつか特徴がある。二つの 8 ビット入力値 x と $x \oplus \Delta x$ に対する S–box の出力値 $S(x)$ と $S(x \oplus \Delta x)$ の差分値 Δy は，

$$\Delta y = S(x) \oplus S(x \oplus \Delta x), \tag{6.3}$$

と書ける。ここで，入力差分 Δx と出力差分 Δy が与えられた場合に，式 (6.3) が成立する異なる x の数について考える。まず，$\Delta x = \Delta y = \texttt{00}$ の場合，すべての入力値 x に対しても式は成立することは明らかである。つまり，256 個の異なる x が存在する。**表 6.2** に示す**差分分布表**（differential distribution table，**DDT**）の左上の数値が 256 となっているのは，このためである。つぎに，$\Delta x = \Delta y = \texttt{01}$ の場合を考える。$S(\texttt{CE}) = \texttt{8B}$，$S(\texttt{CF}) = \texttt{8A}$ であるため，

$$\texttt{01} = S(\texttt{CE}) \oplus S(\texttt{CE} \oplus \texttt{01}),$$

$$\texttt{01} = S(\texttt{CF}) \oplus S(\texttt{CF} \oplus \texttt{01}),$$

が成立する。すなわち，$x = \texttt{CE}, \texttt{CF}$ の二つの入力値が存在する。表 6.2 からも，そのことが読み取れる。一方で，$\Delta x = \texttt{01}, \Delta y = \texttt{02}$ の場合は，式 (6.3) を満たす x は存在しない。また，$\Delta x = \texttt{05}, \Delta y = \texttt{08}$ の場合は，式 (6.3) を満たす x が四つ存在する。このように，すべての $\Delta x, \Delta y$ に対して調べることで，差分分布表の値が決定される。AES 暗号の場合，式 (6.3) を満たす x 値の数は，0, 2, 4 の 3 種類しかなく，以下のような特徴がある。

表 6.2 AES 暗号の S–box の差分分布表

		出力差分 Δy											
		00	01	02	03	04	05	06	07	08	09	0a	···	ff
	00	256	0	0	0	0	0	0	0	0	0	0	···	2
	01	0	2	0	0	2	0	2	0	2	2	2	···	2
	02	0	0	0	2	2	2	2	2	0	0	0	···	2
	03	0	0	2	0	2	2	0	0	2	0	2	···	2
入	04	0	0	0	0	0	0	0	0	0	2	0	···	2
力	05	0	0	0	0	2	0	0	0	4	2	0	···	2
差	06	0	2	0	0	2	2	0	0	0	2	0	···	2
分	07	0	2	0	0	0	0	2	0	2	2	2	···	2
Δx	08	0	0	2	2	0	0	0	0	0	2	0	···	0
	09	0	0	2	2	0	0	2	2	0	0	0	···	2
	0a	0	0	2	2	4	0	2	2	0	2	2	···	2
	⋮	⋮	⋮	⋮	⋮	⋮	⋮	⋮	⋮	⋮	⋮	⋱	⋮	
	ff	0	2	2	2	0	0	0	2	0	0	2	···	2

- $\Delta x \neq$ 00 のどの行でも，0 が 129 個，2 が 126 個，4 が 1 個となり，総数は 256（$= 2^8$）となる。
- $\Delta y \neq$ 00 のどの列でも，0 が 129 個，2 が 126 個，4 が 1 個となり，総数は 256（$= 2^8$）となる。
- $\Delta x = \Delta y =$ 00 の場合，0 が 255 個，256 が 1 個となる。
- 表全体で，0 が 33 150 個，2 が 32 130 個，4 が 255 個，256 が 1 個となり，総数は 65 536（$= 2^{16}$）となる。

AES 暗号の線形演算である `MixColumns` 処理では，入力差分が決まると，必ず出力差分が決まる。一方，非線形演算 `SubBytes` 処理における S–box の場合は，入力差分 Δx が与えられたとき，以下の確率で出力差分が Δy となる。

$$\Pr[\Delta x \to \Delta y] = \frac{\#\{x \mid S(x) \oplus S(x \oplus \Delta x) = \Delta y\}}{2^8}. \tag{6.4}$$

ここで，右辺の分子は，2^8 個のすべての入力値 x に対して，S–box の出力差分が Δy となる x の個数を表す。差分が伝搬する経路は，**差分パス**（differential path）といい，差分伝搬が成立する確率は，**差分伝搬確率**（probability of differential propagation）という。線形演算の差分伝搬確率は 1 であるが，S–box の場合は，例えば，

$$\Pr[\texttt{0a} \to \texttt{04}] = \frac{4}{2^8} = 2^{-6}, \tag{6.5}$$

となる。

通常，暗号解析において，解析に必要となる差分パスを成立させるために平文を多く集める。差分伝搬確率は，必要となる平文数の指標となる。一方，DFA では，フォールトモデルによって決まる差分パスに対して，最低限の平文数で解析を進めることが多い。

6.3.2 MixColumns 処理によるバイト差分の拡散

AES ステートの 1 列分の 4 バイトを入力とし，4 バイト出力の演算を 4 列分行う `MixColumns` 処理は，効率よく拡散を行うために**最大分離距離**（maximum distance separable，**MDS**）行列を利用している。各列における入出力の差分数は，5 バイト以上となる。例えば，ある列の入力に 1 バイトの差分が生じた場合，その列の出力には必ず 4 バイトの差分が伝搬する。**表 6.3** は，$2^{32}-1$ 通りの入力差分バイト数と出力差分バイト数の頻度を示すものである。

表 6.3　AES 暗号の MixColumns 処理における入出力差分バイト数ごとの頻度

		出力差分				
		1	2	3	4	計
入力差分	1	0	0	0	1 020	$\binom{4}{1}(2^8-1)$
	2	0	0	6 120	384 030	$\binom{4}{2}(2^8-1)^2$
	3	0	6 120	1 024 080	65 295 300	$\binom{4}{3}(2^8-1)^3$
	4	1 020	384 030	65 295 300	4 162 570 275	$\binom{4}{4}(2^8-1)^4$
	計	$\binom{4}{1}(2^8-1)$	$\binom{4}{2}(2^8-1)^2$	$\binom{4}{3}(2^8-1)^3$	$\binom{4}{4}(2^8-1)^4$	$2^{32}-1$

6.3.3 DFA 攻撃

まず，一般的な共通鍵暗号に対する DFA 攻撃の流れを概説する。攻撃者は，正しい暗号文 C と誤り暗号文 C' の暗号文ペア (C, C') を取得する。誤り暗号文は，フォールトモデルに基づいた誤りを，共通鍵暗号アルゴリズムの処理における中間値に誘発できるとする。中間値に生じた誤りは，その後につづく正しい暗号処理により拡散（あるいは縮退）する。この結果，誤りを含む暗号文が出力される。誤り暗号文に現れる誤りのパターンは，フォールトモデルで決まる。この場合，複数のパターンをもつようなフォールトモデルを想定することが多い。

フォールトモデルによって，ある中間値の差分 ΔI のとりうる数が N 個であるとする。これは，フォールトを誘発できる攻撃者のみが知る情報である。これに対して，フォールトモデルを知らない者は，(C, C') から中間値を推定せざるをえない。このときの ΔI の数を M 個とする。フォールト攻撃が成立するためには，$N < M$ でなければならない。

AES 暗号の場合，攻撃者の計算能力に制限がなければ，**鍵空間**（key space）

を約 N/M にすることができる。ここで，鍵空間とは候補鍵の集合サイズを意味する。このように，DFA 攻撃の原理は，攻撃者のフォールトモデルに関する知識に基づく。1 回の攻撃で十分に候補を絞りきれない場合，正解鍵を特定する方法は大きく二つある。一つ目の方法は，平文 P が入手できるという条件付きであるが，すべての絞った鍵候補に対して，暗号文 C から P を復号できるかを調べるものである。もう一つは，複数の (C, C') を用いて DFA 攻撃を繰り返し，候補鍵をふるいにかける方法である。この方法は，平文 P を必要としないため，より現実的といえる。DFA 攻撃における攻撃効率は，鍵空間の減り方，鍵を特定するまでに必要な (C, C') の暗号文ペア数，攻撃回数などで測られる。

攻撃者が，AES 暗号の 9 ラウンド目の入力ステートに 1 バイトのフォールトを誘発する攻撃を考える。フォールトが発生しうるバイト位置は，ステートの 1 列分の 4 バイト中のいずれかである。フォールトモデルを知る攻撃者は，$N = \binom{4}{1}(2^8 - 1)$，$M = (2^8 - 1)^4$ から，攻撃対象の鍵空間を $N/M \cong 2^{-22}$ にすることができる（詳細は以降で説明する）。攻撃対象の鍵空間は，2^{32} であるので，鍵候補数はおよそ 2^{10} まで減らすことができる。つまり，鍵の 22 ビットに相当する情報が得られることになる。

10 ラウンド DFA 攻撃　　まず，準備として，AES 暗号の 10 ラウンド目の入力にフォールトを誘発し，鍵復元を行う 10 ラウンド DFA 攻撃を考える。以降，差分を Δ で表し，差分が 0 ではない AES ステートのバイトを**アクティブバイト**（active byte）と呼ぶことにする。**図 6.2** は，10 ラウンド目の入力 S^{I}_{10} に 1 バイトのフォールトを発生させたときのアクティブバイトの拡散の様子を，AES ステートを用いて表したものである。

攻撃者は，フォールト攻撃時に暗号文ペア (C, C') を得て，その差分 ΔC から鍵復元を試みる。ここで，1 バイトフォールトモデルを考えてみる。この場合，攻撃者が誘発できる差分 $\Delta S^{\mathrm{I}}_{10}$ の数は $2^8 - 1$ 個である。フォールトが発生した位置は，暗号文から容易にわかる。一方，フォールトモデルを知らない者

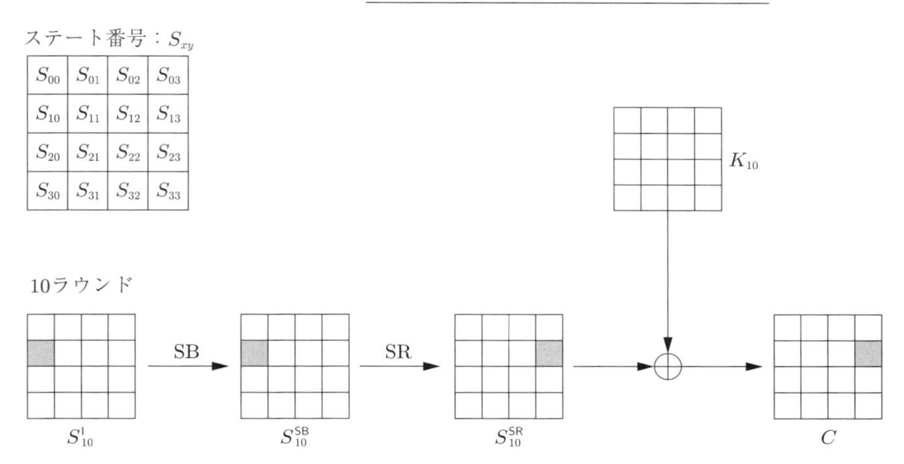

図 6.2 10 ラウンドの入力に 1 バイトフォールトが入った場合のアクティブバイトの拡散（図中の SB は `SubBytes`，SR は `ShiftRows` の略）

が，暗号文ペアから推定する差分 $\Delta S^{\mathsf{I}}_{10}$ の数も 2^8-1 個である。つまり，フォールトモデルが，DFA になんの制約も与えないことになる。実際，10 ラウンド目の S–box の出力差分 ΔC が与えられたとき，表 6.2 の差分分布表より，取りうる入力差分数 127 個から鍵に関する情報を得ることはできない。例えば，図 6.2 に示すとおり暗号文の差分が c'_{13} に見られたとすると，

$$\Delta S^{\mathsf{I}}_{13} = S^{-1}(c_{13} \oplus k_{13}) \oplus S^{-1}(c'_{13} \oplus k_{13}), \tag{6.6}$$

から，k_{13} を絞り込めないことがわかる。

この事実を一般化すると，10 ラウンド目の入力に，バイト単位のフォールトモデルを誘発しても，鍵に関する情報を入手することはできないといえる。つまり，$N = M$ の場合である。もし，$\Delta S^{\mathsf{I}}_{10}$ にビット単位のフォールトモデルなどを想定し，$N < M$ とできれば，鍵を絞り込むことができる。

演習問題 30. 10 ラウンド DFA 攻撃において，1 ビットフォールトを誘発できる攻撃者は，対応する 8 ビット鍵をいくつまで絞り込めるか説明せよ。(問終)

9 ラウンド DFA 攻撃　**図 6.3** は，9 ラウンド目の入力 S^{I}_{10} に 1 バイトのフォールトを発生させたときのアクティブバイトの伝搬の様子である。

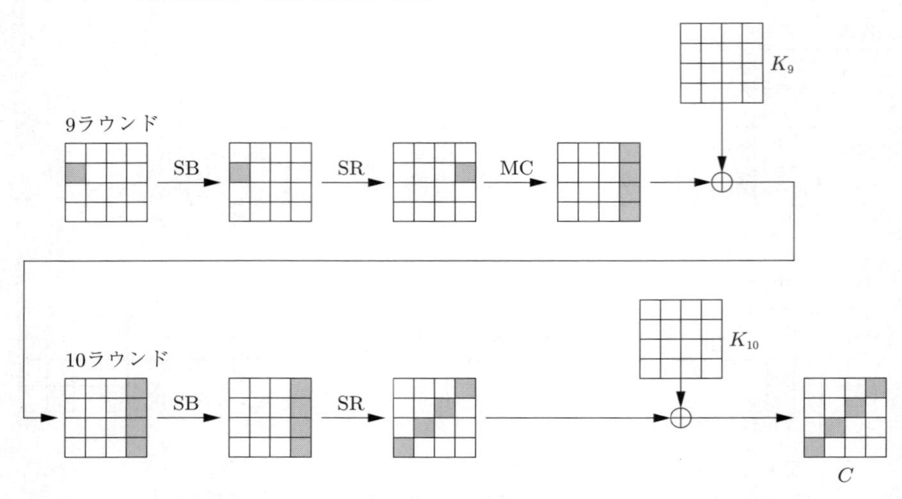

図 6.3　9 ラウンドの入力に 1 バイトフォールトが入った場合のアクティブバイトの拡散（図中の SB は SubBytes，SR は ShiftRows，MC は MixColumns の略）

いま，誤りがないときの 9 ラウンド目の入力値を S_9^{I}，誤りが入ったときの差分を ΔS_9^{I} とする。このフォールトモデルでは，とりうる 1 バイトの差分のパターン数，つまり異なる ΔS_9^{I} の数は，$\binom{4}{1}(2^8-1) \cong 2^{10}$ である。$\binom{4}{1}$ は，1 バイトフォールトが発生しうるバイト位置の数で，2^8-1 は 1 バイト差分の数である。

ΔS_9^{I} は，SubBytes 処理と ShiftRows 処理により，それぞれ，ΔS_9^{SB}，ΔS_9^{SR} となる。ここまでの演算で差分は拡散しないため，ΔS_9^{SR} は 1 バイト差分となる。また，S–box が全単射であることと ShiftRows がバイト単位のシフトであることから，ΔS_9^{SR} は 2^{10} 個の 1 バイト差分をもつ。

つづく MixColumns 処理で，1 バイト差分は，4 バイト差分に拡散し，ΔS_9^{MC} となる。ΔS_9^{MC} は，4 バイト差分であるが，MixColumns 処理の線形性により，とりうる差分の数は増加せず，2^{10} 個のままである。鍵加算は，ビット XOR 演算であるため，差分はそのまま伝搬し，10 ラウンド目の入力差分 $\Delta S_{10}^{\mathsf{I}}$ となる。9 ラウンド目と同様に，10 ラウンド目の SubBytes 処理，ShiftRows 処理，および鍵加算の結果，暗号文における差分 ΔC は，異なる 2^{10} 個の 4 バイト差分をもつことがわかる。つまり，この DFA 攻撃において，ΔC のとりうる値の数は 2^{10} 個である。

つづいて，鍵の復元について考える。説明を容易にするために，まず，誤りが入るバイト位置を固定して考える。事前に，フォールトモデルから考えうるすべての 10 ラウンド目の入力の差分 ΔS^{I}_{10} を要素とする集合 $L_{\Delta S^{\text{I}}_{10}}$ を準備する。集合の要素は，4 バイト差分であり，集合のサイズは $2^8 - 1$ である。この集合 $L_{\Delta S^{\text{I}}_{10}}$ は，9 ラウンド目の鍵に依存しないことに注意する。つぎに，攻撃者は，得られた誤り暗号文ペア $(C,\ C')$ と，予測した 10 ラウンド目の 4 バイトの鍵 $(k_{30},\ k_{21},\ k_{12},\ k_{03})$ から，10 ラウンド目の入力の差分 ΔS^{I}_{10} を算出し，集合 $L_{\Delta S^{\text{I}}_{10}}$ の要素と比較する。もし，集合 $L_{\Delta S^{\text{I}}_{10}}$ の要素に同じ差分値があれば，予測した鍵を候補として残し，同じ差分値がなければ鍵候補から外す。この処理を，2^{32} 個の 10 ラウンド目の 4 バイトの鍵候補のすべてに対して行う。

フォールトモデルを知らない者が，暗号文ペアを見て予想する差分 ΔS^{I}_{10} の数は，$(2^8 - 1)^4$ である。したがって，DFA 攻撃者は，集合 $L_{\Delta S^{\text{I}}_{10}}$ の要素との比較によって，2^{32} の鍵空間をおよそ $2^{32}(2^8 - 1)/(2^8 - 1)^4 \cong 2^8$ に減らすことができると考えられる。フォールトが誘発されるバイト位置は，実際には 4 箇所であるため，最終的に絞り込める鍵空間はおよそ $2^8 \times 4 = 2^{10}$ となる。当然ながら，差分パスに関与しない残りの 2^{96} の鍵空間を狭めることはできない。また，鍵を一つに特定するためには，別の誤り暗号文ペア $(C,\ C')$ を用意し，上述の鍵空間の削減処理を繰り返し行う。

演習問題 31. 9 ラウンド目の入力 S^{I}_{10} に 1 バイトのフォールトを発生させたときに得られる暗号文ペア (C, C') を生成するプログラムを作成せよ。また，得られた複数の暗号文ペアから 10 ラウンド目の鍵を特定するプログラムを作成し，攻撃効率について考察せよ。 (問終)

ここで，DFA 攻撃によって絞られる鍵空間のサイズについて，別の角度から考察してみる。9 ラウンド DFA 攻撃によって，誘発した 9 ラウンド目の 1 バイト差分は，暗号文で必ず 4 バイトの差分に拡散する（6.3.2 項 参照）。しかしながら，暗号文で 4 バイトの差分が与えられたとしても，9 ラウンド目の差分数を断定することはできない。フォールトモデルについてなにも知らない者にとっては，表 6.3 から，4 バイトの出力差分だけを見たときに，9 ラウンド目の差分が 1 バイトである確率は，

$$\binom{4}{1}\frac{1\,020}{(2^8-1)^4} \cong 2^{-22},$$

である。一方，攻撃者は，この 2^{-22} ときわめて低い確率の事象をフォールト誘発により必ず実現できる。言い換えれば，$-\log_2 2^{-22} = 22$ ビットに相当する情報を受け取ることができる。

なお，攻撃における計算量は，予測する鍵候補が 4 バイトであることから $2^{32} \times 4 = 2^{34}$ と考えることができる（$L_{\Delta S^{\mathrm{I}}_{10}}$ との比較を 1 とした場合）。しかし，鍵候補を絞るために，4 バイトの鍵を同時に推定する必要はない。以下は，計算量を削減するための一つの方法である。まず，フォールトが入るバイト位置を固定して考え，$L_{\Delta S^{\mathrm{I}}_{10}}$ の集合のサイズが 2^8-1 であるとする。2 バイトの鍵の推定に基づき算出した $\Delta S^{\mathrm{I}}_{10}$ と集合 $L_{\Delta S^{\mathrm{I}}_{10}}$ の要素との比較を行う。対応する位置にある 2 バイトの一致を調べると，2^{16} の鍵空間は，$2^{16}(2^8-1)/(2^8-1)^2 \cong 2^8$ と概算できる。その後，推定する鍵を 1 バイトずつ増やし，対応する 2 バイトの一致を同様に調べると，3 バイト目の鍵推定では，$2^8 2^8(2^8-1)/(2^8-1)^2 \cong 2^8$，4 バイト目の鍵推定では，$2^8 2^8(2^8-1)/(2^8-1)^2 \cong 2^8$ と見積もることができる。最後に，フォールトが誘発されるバイト位置が 4 箇所であることに注意し，最終的に絞り込める鍵空間はおよそ $2^8 \times 4 = 2^{10}$ となる。この方法では，計算量を $2^{16} \times 4 = 2^{18}$ 程度に抑えることができる。

8 ラウンド DFA 攻撃　8 ラウンド DFA 攻撃におけるアクティブバイトの拡散の様子は，**図 6.4** に示すとおりである。説明を容易にするために，まず，誤りが入るバイト位置を固定した場合の攻撃について考える。9 ラウンド DFA 攻撃と同様に，10 ラウンド目の入力の差分 $\Delta S^{\mathrm{I}}_{10}$ について，集合 $L_{\Delta S^{\mathrm{I}}_{10}}$ を準備する。この集合の要素は，4 バイト差分であり，集合のサイズは，2^8-1 である。ここで，9 ラウンド目の入力の差分 $\Delta S^{\mathrm{I}}_{9}$ の 4 バイト差分に対して，1 バ

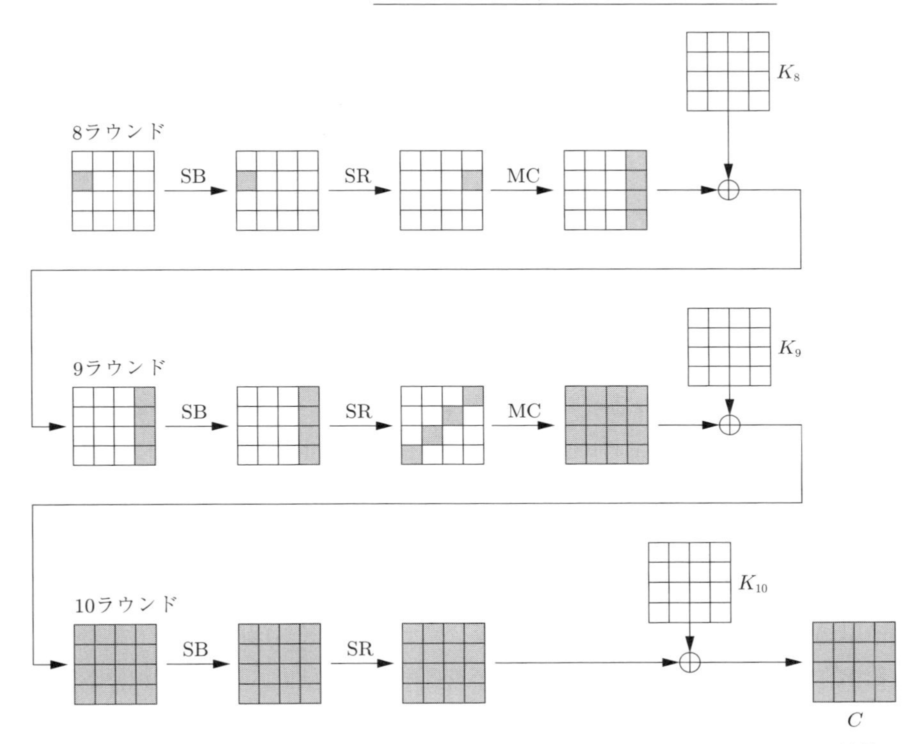

図 6.4 8 ラウンドの入力に 1 バイトフォールトが入った場合のアクティブバイトの拡散

イト差分ごとに 9 ラウンド DFA 攻撃を 4 回行う。1 回の DFA 攻撃で，2^{128} の 10 ラウンド目の鍵空間は，各 4 バイト鍵（$(k_{30}, k_{21}, k_{12}, k_{03})$ など）で 2^8 個程度となり，全体では $(2^8)^4 = 2^{32}$ まで狭めることができる。

残った鍵候補と誤り暗号文ペアから $\Delta S_9^!$ を求め，集合 $L_{\Delta S_9^!}$ の要素と比較する。これによって，2^{32} の鍵空間は，

$$2^{32}\frac{2^8-1}{(2^8-1)^4} \cong 2^8,$$

に減らすことができる。ただし，鍵スケジュールを用いて，10 ラウンド目の 2^{32} の鍵候補に対して 9 ラウンド目の鍵候補を導出する必要がある。

8 ラウンド目の入力にバイトフォールトが入る位置は 16 箇所あるため，上記の解析を 16 回繰り返す必要がある。結果として，鍵空間は $2^8 \times 16 = 2^{12}$ とな

る。攻撃者の得る情報量は，

$$-\log_2 \binom{16}{1} \frac{2^8 - 1}{(2^8 - 1)^{16}} \cong 116,$$

から，116 ビットと考えられる。

なお，鍵特定のためには，9 ラウンド DFA 攻撃と同様に，別の誤り暗号文ペア (C, C') を用意し，10 ラウンド目の鍵空間 $2^{32} \times 16 = 2^{36}$ に対して，鍵空間の削減処理を繰り返し行う。

演習問題 32.　8 ラウンド DFA 攻撃で 128 ビット鍵を特定するためには，ΔS_9^{I} を用いた鍵空間の削減を行うことなく，8 ラウンド DFA 攻撃を 2 回繰り返すだけで 10 ラウンド目の鍵空間を高確率で特定することができる。このことをプログラムを用いて確認せよ。　(問終)

6.3.4 FSA 攻 撃

FSA は，フォールトが発生し始めるフォールト誘発要因の強度から内部信号値を推定する解析手法である。フォールトの起こりやすさ（起こりにくさ）をサイドチャネル情報として利用するのである。直感的な理解はつぎのとおりである。複雑な計算処理を実行しているハードウェアは，弱いフォールト誘発要因でフォールトが発生する。一方，簡単な計算処理では，弱いフォールト誘発要因ではフォールトを誘発することができない。つまり，計算処理と故障感度の間に，なんらかの関係が存在することを利用する。

フォールト誘発要因の強度は，具体的には，グリッチによりクロック周期を変更したり，チップに照射するレーザ強度を変更したりすることで調整できる。最初に提案された FSA 攻撃 [5)] では，AES 暗号ハードウェアのクロック周波数を徐々に高めていき，フォールトが発生し始める周波数がハードウェア内部の信号状態に依存することを用いて，AES 暗号の秘密鍵の導出に成功している。クロック周波数を徐々に高めると，回路はセットアップタイミング違反を引き起こす。

例えば，**図 6.5** は，128 ビット AES 暗号ハードウェアの最終ラウンドの組

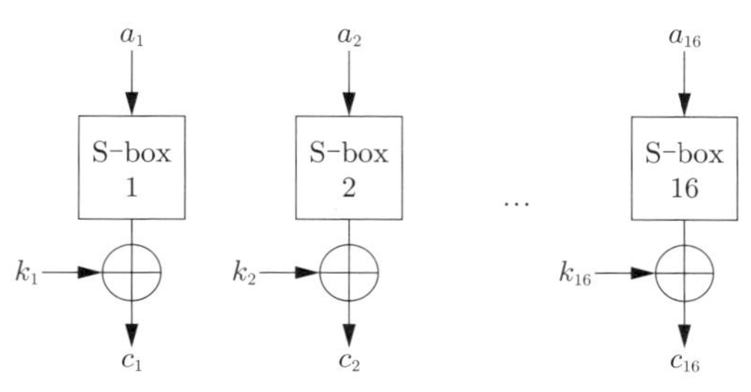

図 6.5 並列型 AES 暗号ハードウェアの最終ラウンドの組合せ回路

合せ回路である。1 サイクルで 1 ラウンド処理を行うループアーキテクチャに基づいている。バイト演算における最終ラウンドの組合せ回路は，8 ビット入出力の非線形演算である S–box と 8 ビットのラウンド鍵との XOR 演算からなる。最終ラウンドにおけるクロック周波数を高めていくと，ある周波数からこの回路はセットアップタイミング違反を引き起こし，誤り出力値が出力され始める。しかし，S–box1 から S–box16 までがすべて同時に誤り出力値を出力することはない。なぜならば，各 S–box で処理する計算は同一であるとはかぎらず，遅延時間も S–box ごとに異なるからである。

組合せ回路の遅延時間は，入力値の変化に伴う組合せ回路全体の変化が安定するまでの時間である。つまり，入力値の前後の値に依存する。8 ビット S–box の場合は，256×256 通りの遅延時間が考えられることになる。ここで，S–box1 の入力値が，最終ラウンドで a_1 から a'_1 に変化する場合を考える。最終ラウンドに対応するサイクルにおいて，徐々にクロック周期を高め，T' で誤りの発生が確認できたとする。このときの T' は，S–box の遅延時間 $d_{a \to a'}$ を用いて，

$$T' = d_{a_1 \to a'_1}, \tag{6.7}$$

と書くことができる。つまり，回路の遅延時間 $d_{a \to a'}$ を，クロック周期から間接的に測定することができるのである。

ここで，a'_1 が 9 ラウンド目の中間値であることに注意されたい。つまり，最終ラウンドの鍵 k_1 を知っていたとしても a' の値を知ることはできない。しかし，攻撃者の立場では，a_1 だけ測定できればよい。そこで，c_1 を出力するよう

な異なる平文を用意し，それぞれの平文に対して測定した T' の平均値を

$$T_{c_1 \to c'_1} = d_{a_1}, \tag{6.8}$$

として記録する。S–box1 の故障感度特性を正確に知るには，c_1 を出力するような平文の数は多いほどよいが，一つであっても解析できる。

攻撃者は，$c_1 \in [0, 255]$ の出力値に対して，式 (6.8) に示す $T_{c_1 \to c'_1}$ を 256 個取得し，つぎのようなベクトル列 $\boldsymbol{T}_{c_1}$ を記録する。

$$\boldsymbol{T}_{c_1} = (T_{c_1=0 \to c_1 \neq 0}, \ldots, T_{c_1=255 \to c_1 \neq 255}). \tag{6.9}$$

$\boldsymbol{T}_{c_1}$ は，S–box1 を含む組合せ回路の故障感度を示す特徴量となる。なお，少ない要素数で特徴が区別できる場合には，すべての c_1 に対する故障感度を取得する必要はない。

信号の遅延時間が，a_1 を用いてモデル化できるような実装の場合，差分電力解析 2) と同様の識別手法を利用することができる。例えば，HW(a_1) が大きいほど，信号遅延時間が長くなるような組合せ回路では，HW モデルを用いて，差分電力解析と同様の識別機を構成し，10 ラウンド目の鍵の導出が可能となる。しかし一般的には，組合せ回路の入力値と信号遅延の間には，簡便なモデルが存在しないことが多い。この場合には，モデル化を諦め，AES 暗号ハードウェアの並列性を利用し鍵の導出を行う。多くの場合，並列実装した組合せ回路の構成は同一であるため，S–box1 と S–box2 は，類似した故障感度を有すると考えられる。そこで，並列実装されている S–box2 を含む組合せ回路に対して $\boldsymbol{T}_{c_2}$ を取得する。二つのラウンド鍵 k_1, k_2 を変化させ，$\boldsymbol{T}_{c_1}$ と $\boldsymbol{T}_{c_2}$ の相関が高くなるような場合を調べれば，$k_1 \oplus k_2$ の導出が可能である。なお，並列度の低い AES 暗号ハードウェアやソフトウェアの実装の場合には，最終ラウンドで同じ S–box モジュールが繰り返し使われることになるため，特徴量のばらつきが無視でき，FSA 攻撃が容易になる。

FSA の最大の特徴は，従来の差分解析型の FA で必要であった誤り出力値を必要とせず，エラー発生の有無だけで内部情報を推定できる点にある。したがっ

て，差分解析型の FA に対する攻撃防御策として有効とされている，誤り出力値を出力しない（例えば 0 値を出力する）対策は，FSA 攻撃に対しては有効とはならない。このように，FSA は強力な解析手段である。

ただし，上述の攻撃が成功するのは，S–box1 の遅延時間がフォールトの発生に大きく影響を及ぼす場合に限る。例えば，XOR に到達するラウンド鍵の信号が，S–box1 の出力より早く確定していなければならない。もし，ラウンド鍵との XOR が最大遅延に関係している場合，故障感度に関する特徴量は，鍵スケジュール内部の組合せ回路に依存することになるからである。さらには，暗号回路よりも遅延時間の長い回路が搭載されていた場合には，S–box の故障感度の特徴を得ることができない。この事実は，対策回路を考える際に重要となる。

6.3.5 フォールトの検出と対策

ここでは，ソフトウェアおよびハードウェアに対するフォールト検出の基本的な考え方を紹介する。AES 暗号実装のフォールト攻撃対策については，アルゴリズムおよびアーキテクチャの側面から，これまで多数の対策技術が提案されてきた。代表的な方法は，**誤り検出**（error detection）技術を用いる方法である。これは，計算の途中結果にコードを付加し，計算中にフォールトの有無をチェックするものである。その後，生成されたコードの値を確認することで，誤りの検出が可能である。誤りを検出する能力と，それによる回路コストや処理性能に対するオーバーヘッドの間には，トレードオフが存在する。

他の代表的な方法は，**検算**（verification）による方法である。検算は，機能的に必要とする他に，フォールトが発生していないかを確かめるための冗長な演算である。冗長化の方法には大きく 2 種類あり，その一つは，同じ演算を異なる複数の回路で並列に計算し，結果を比較する方法である。同じタイミングで，異なる場所にフォールトを発生させることが難しい場合に有効である。例えば，暗号化のための処理ブロックを 2 重化し，同じ処理を並列に行う。得られた二つの出力値を比較することで，誤りの検出が可能である。もし一致しなければ，どちらかのブロックでフォールトが発生したと判断する。この検出技術は，計算に**空間的冗長性**（spatial redundancy）をもたせることで実現している。空間的冗長性を与える他の方法として，暗号化と復号の両方の関数ブロックを用意し，暗号化した中間値を逐次復号することが考えられる。復号結果が元の値と一致するかを比較することで，誤り検出が可能である。欠点は，回路規模が増大することである。

また，同じ場所に異なるタイミングでフォールトを発生させることが難しい場合には，一つの演算を複数回実行し，その結果を比較する方法が有効である†。この方法は，**時間的冗長性**（temporal redundancy）と呼ばれる。処理性能を犠牲とするが，回路規模の増大を避けることができる。例えば，同じデータに対するラウンド処理を，連続する2サイクルで実行し，その結果を比較する。あるいは，暗号化/復号機能を共有化した処理ブロックを一つだけ利用し，暗号化の後のサイクルで復号し，誤り検出を行う。

このように，ある機能の安定的な運用のために，余計な計算や装置を準備することを**冗長化**という。一般的に，処理ブロックをさらに多重化したり，検算の処理に多くの時間をかけたりすれば，**フォールト検出率**（fault detection rate）は高くなる。つまり，**冗長性**（redundancy）が高いほど，フォールト検出率は高くなる。

以上は，フォールト攻撃対策のうち，アルゴリズムレベルおよびアーキテクチャにおいて，フォールト検出が可能な技術を概説したが，検出後の処理についても考えなければならない。故障差分型の攻撃に対しては，フォールト検出後に誤り暗号文を出力しないことで，攻撃対策につながる。しかしながら，故障感度型の攻撃では，フォールトが発生しない正常状態の出力情報から内部の情報が漏えいするため，ここで述べるフォールト検出技術は，対策技術に直結しない。あらゆる攻撃に対して情報漏えいを防ぐためには，アルゴリズムレベルやアーキテクチャでの検出だけでなく，デバイスレベルの挙動を監視するセンサ技術と組み合わせて，対策を講じる必要がある。なお，**フォールト耐性**（fault tolerance）向上の技術は，正常動作の維持が主目的であるため，情報漏えいを

† つまり，永続的フォールトの検出は難しい。

防ぐ対策につながるとはかぎらない。

引用・参考文献

1) P. Kocher：“Timing Attacks on Implementations of Diffie–Hellman, RSA, DSS and Other Systems,” in CRYPTO 1996, pp.104–113 (1996)
2) P. Kocher, J. Jaffe and B. Jun：“Differential Power Analysis,” in CRYPTO 1999, pp.388–397 (1999)
3) D. Boneh, R.A. DeMillo and R.J. Lipton：“On the Importance of Checking Cryptographic Protocols for Faults (Extended abstract),” in EUROCRYPT 1997, pp.37–51 (1997)
4) E. Biham and A. Shamir：“Differential Fault Analysis of Secret Key Cryptosystems,” in CRYPTO 1997, pp.513–525 (1997)
5) Y. Li, K. Sakiyama, S. Gomisawa, T. Fukunaga, J. Takahashi and K. Ohta：“Fault Sensitivity Analysis,” in CHES 2010, pp.320–334 (2010)
6) S.M. Yen and M. Joye：“Checking Before Output May Not Be Enough Against Fault–Based Cryptanalysis,” *IEEE Trans. Comput.*, Vol.49, No.9, pp.967–970 (2000)
7) K. Sakiyama, Y. Li, M. Iwamoto and K. Ohta：“Information–Theoretic Approach to Optimal Differential Fault Analysis,” *IEEE Trans. Inf. Forensic Secur.*, Vol.7, No.1, pp.109–120 (2012)
8) G. Piret and J.-J. Quisquater：“A Differential Fault Attack Technique against SPN Structures, with Application to the AES and Khazad,” in CHES 2003, pp.77–88 (2003)
9) National Institute of Standards and Technology：“FIPS 197 National Institute of Standards and Technology,” November, pp.1–51 (2001); http://csrc.nist.gov/publications/fips/fips197/fips-197.pdf

7 マイクロアーキテクチャへのサイドチャネル攻撃

マイクロアーキテクチャに対するサイドチャネル解析は，最近注目されている新しい研究分野である。マイクロアーキテクチャへの攻撃における攻撃者の主な目的は，サイドチャネル攻撃やフォールト攻撃と同じく，暗号鍵などの秘密情報の復元である。本章では，マイクロアーキテクチャへのサイドチャネル攻撃を紹介する。まず，攻撃の全体像について述べ，つづいて，攻撃法の一つであるキャッシュ攻撃について説明し，AES 暗号に適用する。最後に，CPU の投機的実行を巧みに攻撃に利用する Spectre/Meltdown と呼ばれる攻撃を紹介し，キャッシュ攻撃との関係を説明する。

7.1 攻撃の全体像

これまでに提案されたマイクロアーキテクチャへの攻撃は，CPU 処理の高速化の仕組みを悪用するものである。つまり，高速化のための技術が皮肉にも安全性を低下させる要因となっているのである。メモリ階層におけるキャッシュは，高速化に大きく寄与する代表的存在である。例えば，攻撃者がキャッシュアクセスを巧みに利用することで，暗号プログラム実行時の処理時間の違いが観測でき，秘密情報を入手できることが知られている。こういった，タイミング解析に基づくサイドチャネルリーケージが，マイクロアーキテクチャへのサイドチャネル解析の根源にある。マイクロアーキテクチャへのサイドチャネル攻撃の多くは，キャッシュ攻撃の応用といえる。

キャッシュによる CPU の高速化の仕組みは，暗号アルゴリズムを処理するソフトウェアにも適用される。したがって，暗号アルゴリズムの処理におけるメモリアクセスの履歴が，キャッシュに残ることになる。ここでは，前提として，キャッシュを含めたメモリ領域が，他のプロセスと共有されているものと仮定する。例えば，あるプロセスにおいて暗号アルゴリズムが処理され，その直後に攻撃者が別のプロセスを実行し，暗号アルゴリズムで用いたメモリ領域からデータを読み出す。もし，このメモリアクセスのレイテンシーが低いことが観測できた場合，キャッシュにアクセスしたことがわかると同時に，直前の暗号アルゴリズムの処理でこのメモリ領域をアクセスした可能性があることがわかる。また，キャッシュアクセスの有無に関する詳細情報を直接取得することができない場合，実行時間や消費電力を解析することで，キャッシュアクセスの概要を知ることもできる。

7.1.1　キャッシュの基礎

CPU は，コンピュータシステムにおける重要な構成要素の一つであり，主な仕事はソフトウェアで記述された命令の実行である。CPU は，メモリから命令を読み出し，レジスタまたはメインメモリ上のデータを用いて計算を実行する。ほとんどの CPU 命令は数クロックサイクルで実行できるが，メインメモリへのアクセスには数百サイクルかかり，計算性能のボトルネックになる。

高頻度でメモリアクセスが発生する CPU には，高速にデータを取得するアーキテクチャ上の工夫がなされている。通常，キャッシュと呼ばれる小容量なメモリを使用する。キャッシュへのアクセス時間はメインメモリへのアクセス時間より短い。**図 7.1** に示すように，キャッシュは処理性能を向上させるための小容量で高速なメモリである。

簡単にいうと，キャッシュはメインメモリとプロセッサコアとの間のバッファとして働く。頻繁に使用するデータ（命令を含む）のコピーをキャッシュに格納することで，CPU はメインメモリにアクセスすることなく，頻繁に使用するデータにほんの数サイクルでアクセスすることができる。

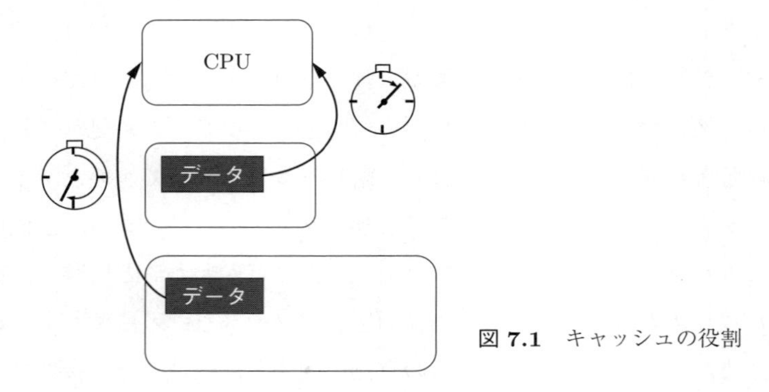

図 **7.1**　キャッシュの役割

7.1.2　キャッシュヒットとキャッシュミス

CPU がメインメモリ領域のデータを読み出す場合は，キャッシュの中にデータのコピーが存在するかをチェックする。もし，所望のデータがキャッシュに存在する場合，プロセッサはメインメモリにアクセスする必要はない（図 **7.2**）。この場合，データは直接キャッシュから読み出される。このことは，**キャッシュヒット**（cache hit）と呼ばれる。キャッシュヒットはメインメモリからのアクセス時間を大幅に短縮する。

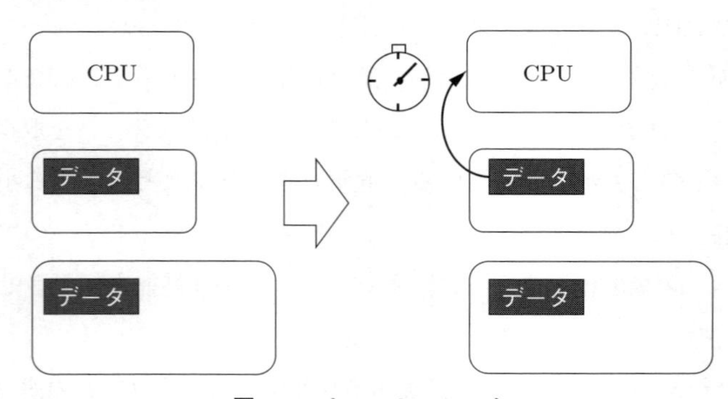

図 **7.2**　キャッシュヒット

一方，図 **7.3** のように，データがキャッシュにない場合には，メインメモリからデータを読み出さなければならない。このことは，**キャッシュミス**（cache miss）と呼ばれる。キャッシュミスにより読み出されたデータは，近い将来に再び使用される可能性が高いため，キャッシュにコピーが保存される。しかし，

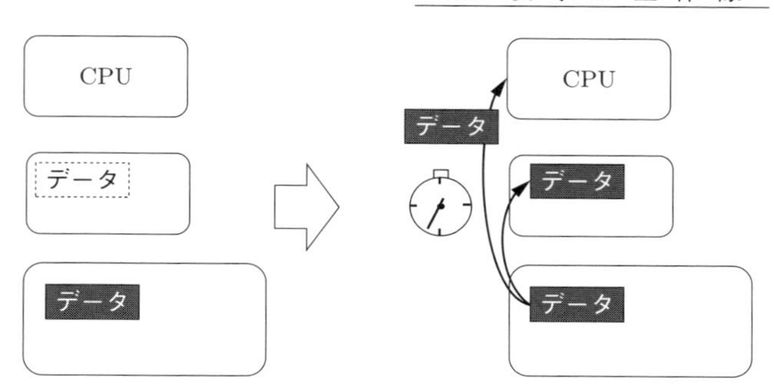

図 **7.3** キャッシュミス

キャッシュは小容量であるため，キャッシュ内の古いデータは，新たに保存されるデータにより上書きされることになる。

演習問題 33. キャッシュを使用する場合としない場合の AES 暗号の処理時間の差について計算せよ。例えば，AES 暗号の処理に 160 回のメモリアクセスが必要であるとし，それらの 70%がキャッシュヒットになり，30%がキャッシュミスになるとする。ただし，キャッシュヒットの場合は，データを読み出すのに 5 クロックサイクルかかるが，キャッシュミスの場合にはメインメモリから読み出すのに 100 サイクルかかるものとする。 (問終)

7.1.3 キャッシュレベル

図 **7.4** に示すとおり，キャッシュはいくつかの**キャッシュレベル** (cache level) に分割される。**L1 キャッシュ**は，一般にデータキャッシュと命令キャッシュに分かれており，容量は最も小さいが，読出しに必要なクロックサイクル数は最も少なくて済む。通常は CPU コアごとに独立した L1 キャッシュをもつ。**L2 キャッシュ**は，各 CPU コア専用であるか，二つ以上のコアで共有される。**L3 キャッシュ**は，大容量であるがキャッシュ内では最も多くのクロックサイクル数を必要とするものであり，通常は複数の CPU コアで共有される。

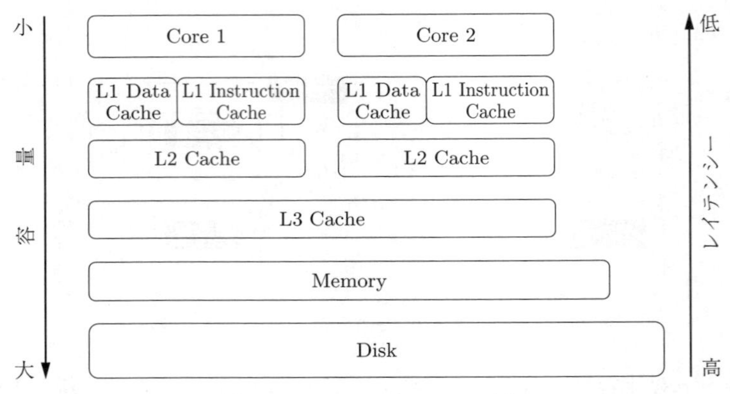

図 **7.4**　キャッシュレベルの例

7.1.4　キャッシュライン

キャッシュは，複数の**キャッシュブロック**（cache block）または**キャッシュライン**（cache line）と呼ばれる固定サイズのブロックに分割される。キャッシュにおいて，キャッシュラインのサイズはメインメモリからキャッシュされるデータの最小サイズである。x86 系 CPU では，キャッシュラインのサイズは 64 バイトであることが多い。

キャッシュミスが生じると，キャッシュはメインメモリからキャッシュラインのサイズ分のデータを取得する。同じキャッシュラインに格納されたデータは，たがいに物理アドレスが近いものである。一般的なプログラムには，データの**空間的局所性**（spatial locality）が存在するため，キャッシュミスの割合の低下が期待できる。なお，キャッシュラインとメインメモリ領域の対応関係は，CPU によって異なる。

演習問題 34.　キャッシュラインとメインメモリ領域の対応関係について，以下の 3 種類の配置方法を調査せよ。

(1)　ダイレクトマップ（direct map）

(2)　フルアソシエイティブ（full associative）

(3)　セットアソシエイティブ（set associative）

(問終)

7.1.5 暗号アルゴリズムに対するキャッシュ攻撃

暗号アルゴリズムの処理において，例えば，AES 暗号の S–box を**テーブル参照**（lookup table）で実現することがある。テーブル参照において，S–box の入力値はテーブル参照のインデックス，つまりメモリ領域のアドレスとなり，S–box の出力値はテーブルの読出し値となる。つまり，暗号処理における中間値のデータに依存して，メモリアクセスのパターンは決まる。

このテーブル参照を用いた AES 暗号アルゴリズム処理に対するキャッシュ攻撃について，その概要を説明する。攻撃者は，選択平文攻撃のシナリオで複数の異なる平文に対する実行時間を測定する。これはサイドチャネル情報とみなすことができる。より能力の高い攻撃者を想定する場合には，サイドチャネル情報として，キャッシュアクセス情報が入手できるものとする。具体的な解析については次節以降で説明するが，実行時間しか得られない攻撃の場合には，複数の平文に対する暗号処理時間の統計処理を行うことで，キャッシュアクセスに関する情報の復元を試みる。より具体的には，暗号処理時間と暗号処理中におけるキャッシュヒットの割合には高い相関があることを利用する。つぎに攻撃者は，キャッシュアクセスの情報から S–box のインデックス，つまり S–box の中間値を復元し，秘密鍵を得る。

攻撃者が得られる情報は，測定方法と測定環境によって異なる。一般に，攻撃者が得られる情報によって，大きく以下の三つのキャッシュ攻撃に分けることができる。

- **トレースベース**（trace–based）：　情報として，暗号アルゴリズム処理時のキャッシュアクセスに関する**アクティビティトレース**（activity trace）が得られる。より具体的には，HHMM MMHH HHHM のようなキャッシュミスおよびキャッシュヒットの時系列情報である。ここで，H と M はそれぞれキャッシュヒットとキャッシュミスを意味する。
- **時間ベース**（time–based）：　この形式の攻撃において，攻撃者は，暗号アルゴリズム処理に要する総時間の情報が得られる。得られた情報からキャッシュヒットおよびキャッシュミスの合計数を推測することができる。トレースベースと比べ，攻撃者が得られる情報量は少なくなるが，測定に関する条件は緩くなる。

- **アクセスベース**（access–based）：　この形式では，攻撃者は，暗号アルゴリズム処理時のメモリアクセス情報が得られる。攻撃者がスパイプロセスなどを用いることを想定している。スパイプロセスは，暗号アルゴリズム処理後にメモリアクセスを行い，キャッシュヒットの有無から，暗号アルゴリズムのメモリアクセスの情報を得る。より現実的な攻撃シナリオであり，時間ベースよりも詳細な情報を得ることができる。しかし，トレースベースと同等の情報を得るにはスパイプロセスの実行に工夫が必要である。

7.2　キャッシュ攻撃の例

キャッシュ攻撃の例として，S–box をテーブル参照で実装した AES 暗号アルゴリズム処理に対する攻撃を説明する。攻撃者は，AES 暗号化処理（あるいは復号処理）の 1 ラウンド目の S–box 処理に注目する。ここでは，簡単のために，テーブルの各要素がキャッシュラインと同じサイズであるとする。

まず，攻撃を実行する前に，攻撃者は大量のデータを読み書きする。これにより，暗号化処理に関連するデータがキャッシュに含まれない状況を意図的につくり込むことができる。その後，攻撃者は任意の平文を使用して暗号化をする。S–box のインデックス，つまり参照テーブルが格納されているメモリのアドレスが等しくなるようなアクセスが発生するとキャッシュヒットとなる。ここで，i バイト目の平文と秘密鍵をそれぞれ P_i, K_i とし，S–box 処理 $S(P_1 \oplus K_1)$ の後に別の S–box 処理 $S(P_2 \oplus K_2)$ が発生するような暗号化処理を考える。もし，この暗号化処理において，

$$P_1 \oplus K_1 = P_2 \oplus K_2, \tag{7.1}$$

となる場合には，$S(P_2 \oplus K_2)$ により生じる参照テーブルへのアクセスはキャッ

シュヒットとなる。逆に，キャッシュヒットが測定できた場合には，式 (7.1) が成立していると考えることができる†。

式 (7.1) は，

$$P_1 \oplus P_2 = K_1 \oplus K_2, \tag{7.2}$$

のように変形できる。この式からつぎのことがいえる。攻撃者がキャッシュヒットを測定することができた場合には，$P_1 \oplus P_2$ の値から $K_1 \oplus K_2$ の値，すなわち鍵バイトの差分値を導出できる。キャッシュミスの場合には，キャッシュヒットが測定できるまで，$P_1 \oplus P_2$ を変更すればよい。他のバイトに対して同様の攻撃を行うことで，すべての鍵バイトの差分値を導出することができる。

7.2.1 トレースベースのキャッシュ攻撃

上述の例では，攻撃者が 2 回目の参照テーブルへのアクセスでキャッシュヒットしたかどうかを直接知ることができるとしている。このように，詳細なキャッシュアクセス情報が得られるようなキャッシュ攻撃が，**トレースベース**のキャッシュ攻撃の典型である。例えば，CPU の消費電力などのサイドチャネル情報を取得でき，得られたサイドチャネル情報からキャッシュアクセスの時系列データを正確に抽出できるような攻撃者を想定している。きわめて強力な攻撃者を想定しているため，攻撃における解析は単純となる。

演習問題 35. 7.2.1 項で説明した攻撃において，秘密鍵のバイトの差分値をすべて復元するのに必要な平文の選び方を説明せよ。 (問終)

演習問題 36. 7.2.1 項で説明した攻撃では，参照テーブルの各要素のサイズがキャッシュラインサイズと同じであるとした。もしキャッシュラインのサイズが 64 バイトでテーブルの各要素が 4 バイトである場合には，攻撃にどのような影響を及ぼすか説明せよ。 (問終)

† 厳密には，攻撃実行前のデータの読み書きにより，成立しない場合も考えられる。

7.2.2 時間ベースのキャッシュ攻撃

ここでは，**時間ベース**のキャッシュ攻撃について説明する。この攻撃では，攻撃者が得られる情報は，暗号化アルゴリズムの総実行時間である。つまり，暗号化処理中のキャッシュアクセスに関する情報を直接観測することはできない。そのため，攻撃者は，暗号化アルゴリズムの実行時間が，暗号化処理中のキャッシュヒットの総数と相関があることに着目する。より正確に説明すると，異なる平文に対して暗号化アルゴリズムを複数回実行し，平文と実行時間の複数のペアを統計処理することで，暗号化中に発生したキャッシュヒットの総数を推測する。

もし，式 (7.1) を満たす平文を暗号化処理したときの実行時間は，式を満たさない平文を処理したときの実行時間より短くなる。これは，式 (7.1) を満たす平文を用いることで，キャッシュヒット総数が多くなるからである。しかし，このわずかな時間差を攻撃者が識別するためには，多くの平文に対して実行時間の平均値を比べる必要がある。例えば，$P_1 \oplus P_2$ の値を固定して，複数の平文に対する暗号化処理を実行し，このときの実行時間の平均値を測定する。これは，$K_1 \oplus K_2$ の鍵の差分を予測して，実行時間の平均値を測定することと同じである。もし，予測した鍵の差分が正しければ，実行時間の平均値は誤った予測と比べて短くなるため，攻撃者は鍵の差分を得ることができる。

トレースベースのキャッシュ攻撃と比べ，総実行時間はより簡単に取得できる。一方，解析において正確な統計情報を得るために，攻撃者は多数の平文と実行時間のペアを取得する必要がある。

7.3 アクセスベースのキャッシュ攻撃

アクセスベースのキャッシュ攻撃では，暗号化処理を実行するプロセスに加えて，攻撃者が別にプロセスを実行し情報を取得することを前提とする。攻撃者が仕掛ける**スパイプロセス**（spy process）S と，ユーザが実行し，犠牲となる**ビクティムプロセス**（victim process）V が CPU で実行されているとする。スパイプロセス S は，秘密情報の復元を目標としている攻撃者が掌握しているプロセスである。ビクティムプロセス V は，秘密情報を使って暗号化アルゴリズムなどを処理するユーザが実行するプロセスである。以降，この設定に基づき，アクセスベースのキャッシュ攻撃例として，Prime + Probe 攻撃と Flush + Reload 攻撃の概要を説明する。なお，アクセスベースのキャッシュ攻撃は，複数のタスクを実行するシステムを想定した比較的新しい攻撃シナリオである[1),2)]。

7.3.1 Prime + Probe 攻撃

Prime + Probe 攻撃と呼ばれる**アクセスベース**のキャッシュ攻撃を紹介する。プロセス S, V がキャッシュを共有している場合には，プロセス S からプロセス V の一部の情報を監視することができる[3)]。まず，プロセス S は攻撃対象となるキャッシュ領域を適当なデータで満たす（**Prime ステージ**）。その後，プロセス S は，プロセス V が対象となるキャッシュに関連するメインメモリ領域へアクセスするのを待つ（**Idle ステージ**）[†]。その後，プロセス S は最初にキャッシュを充満したデータをもう一度読み出す（**Probe ステージ**）。もし，読出し時間が短い場合は，プロセス S のデータがキャッシュに残っているため，プロセス V が攻撃対象のメインメモリ領域にアクセスしてないことがわかる。逆に，読出し時間が長い場合は，プロセス V が対象のメインメモリ領域にアクセスしたことがわかる。これは，プロセス V が計算をすることにより，プロセス S で充満したキャッシュデータの一部がキャッシュから追い出されるためである。

具体例として，AES 暗号への攻撃を考える。**図 7.5** に示すように，攻撃者はメインメモリ領域の 0 番から 4 番に自由にアクセスできるものとする。AES 暗号の S–box 参照テーブルの一部が，メインメモリの 5 番から 9 番に保存されている。そして，i 番目のメモリと $i+5$ 番目のメモリは同じキャッシュラインを

† プロセス V がメインメモリにアクセスしなかった場合，攻撃者は攻撃手順を初めからやり直す。

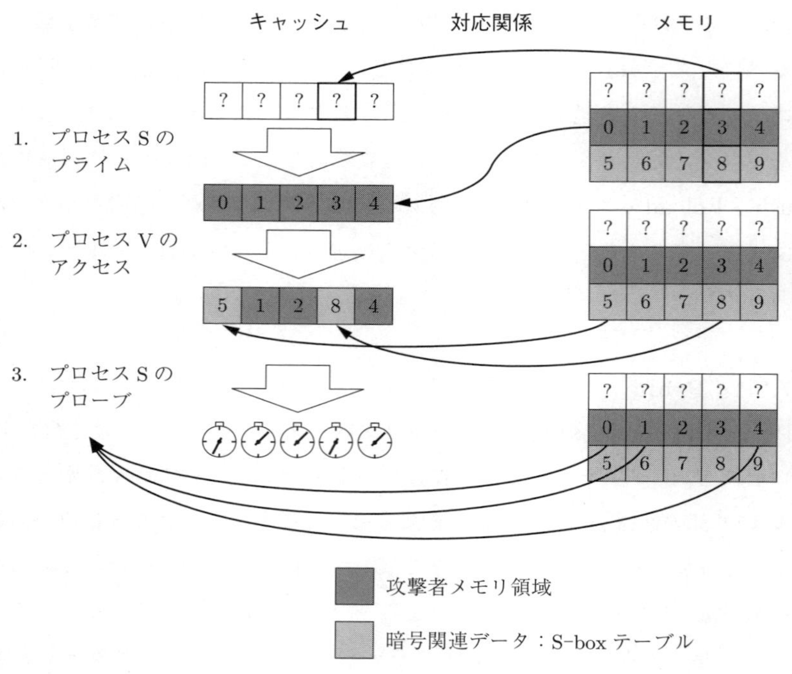

図 7.5　Prime + Probe 攻撃

シェアしている。例えば，メインメモリ領域の 3 番と 8 番は同じキャッシュラインをシェアしている。攻撃者は，メインメモリとキャッシュとの対応関係を事前に調べることができ，攻撃に利用できるものとする。

図 7.5 に示すとおり，Prime + Probe 攻撃による秘密情報の取得のプロセスは，以下の三つのステージから成る。

- **Prime ステージ**：　プロセス S はすべてのキャッシュラインを適当なデータで充満する。図 7.5 に示すとおり，0 番から 4 番のメインメモリにアクセスし，データがキャッシュされる。
- **Idle ステージ**：　プロセス S はプロセス V（AES 暗号）が実行するのを待つ。プロセス V の AES 暗号アルゴリズムの処理において，5 番から 9 番のメモリへのアクセスが発生した場合には，S が占有した一部のキャッシュラインが追い出される。図 7.5 に示すとおり，0 番と 3 番のデータはキャッシュから追い出され，それぞれ 5 番と 8 番のデータになる。

- **Probe ステージ**： プロセス S は，Prime ステージで充満したデータを再び読み出す。読出し時間によって，攻撃者はプロセス V（AES 暗号）がアクセスしたメインメモリのアクセス情報がわかる。図 7.5 に示すとおり，攻撃者が 0 番から 4 番のデータを再び読み出すと，0 番と 3 番の読出し時間が遅いことがわかり，AES 暗号がメモリ領域の 5 番と 8 番の S–box テーブルを参照したことがわかる。

Prime + Probe 攻撃によって取得した情報を使って鍵を復元する方法については後述する。

7.3.2 Flush + Reload 攻撃

ここでは，Prime+Probe 攻撃とは異なる攻撃シナリオに基づく Flush + Reload 攻撃を紹介する。マルチコア CPU は，メインメモリ領域だけでなく，**ラストレベルキャッシュ**（last level cache，**LLC**）である L3 キャッシュが共有する。このようなシステムにおいて，あるコアで実行されているプロセス S が，共有する L3 キャッシュを介して，別のコアで実行するプロセス V の情報を取得する攻撃手法が提案されてる[4)]。プロセス S は，まず共有しているデータを L3 キャッシュから退去させる。x86 系 CPU では，`clflush` コマンドにより，すべてのレベルのキャッシュを消去（フラッシュ）することができる（**Flush ステージ**）。つぎにプロセス S は，プロセス V がメインメモリにアクセスするのを待つ（Idle ステージ）。プロセス V のメインメモリ領域へのアクセスにより，キャッシュの一部にプロセス V のデータが格納される。その後，プロセス S は共有しているメインメモリのデータを全部読み出す（**Reload ステージ**）。データの読出し時間に基づいて，プロセス S は，プロセス V がどのメインメモリのアドレスにアクセスしたかどうかを判断できる。例えば，読出し時間が短い場合には，プロセス V のデータがキャッシュに格納されているため，プロセス V がメインメモリ領域にアクセスしたことがわかる。逆に，読み出す時間が長い場合は，プロセス V がメインメモリ領域にアクセスしてないことがわかる。

前節と同じように，AES への攻撃を例として，Flush + Reload 攻撃が構成される三つのステージを説明する。プロセス S, V は，メインメモリ領域の 0 番から 4 番を共用し，そこには AES 暗号の S–box のテーブル参照データの一部が保存されているとする。図 **7.6** に示すとおり，Flush + Reload 攻撃による情報取得は，つぎの三つのステージで構成される。

- **Flush ステージ**：　プロセス S は，`clflush` 命令を使って L3 キャッシュからメインメモリ領域の 0 番から 4 番に対応するデータを消去する。つまり，プロセス V による 0 番から 4 番のメモリアクセスにおいて，必ずメインメモリから読み出されるような状況をつくり込む。
- **Idle ステージ**：　プロセス S は，プロセス V が 0 番から 4 番のデータにアクセスすることを待つ。図 7.6 に示すとおり，0 番と 3 番のデータ

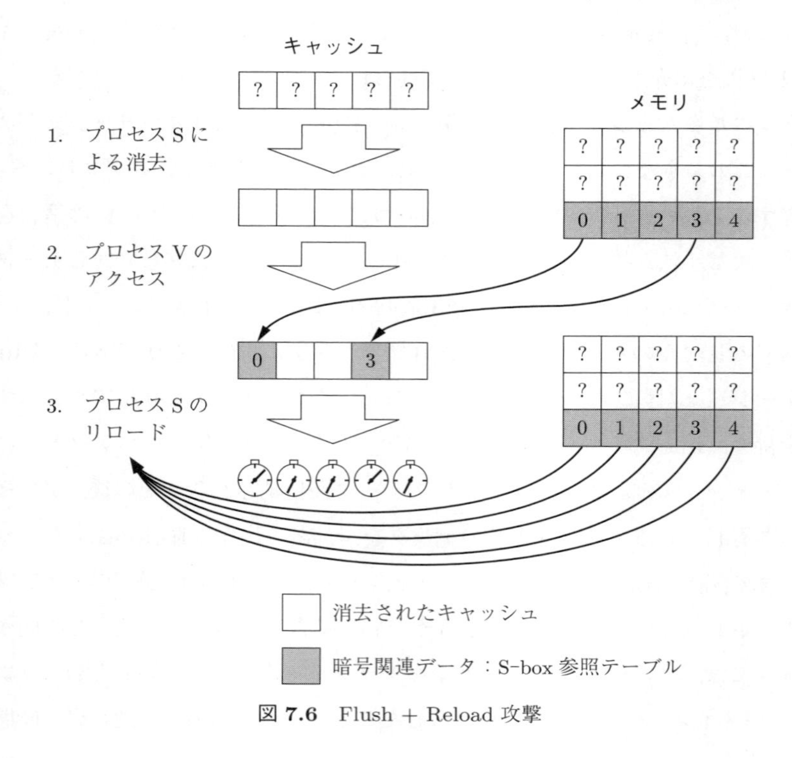

図 **7.6**　Flush + Reload 攻撃

はプロセス V のアクセスによりキャッシュに格納される。

- **Reload ステージ**： プロセス S は，共用しているメモリを読み出す。もし，プロセス V のアクセスしたデータがキャッシュに格納されていれば，読出し時間は短くなる。プロセス V のアクセスしていないデータは，キャッシュに格納されていないため，読出し時間は長くなる。読出し時間によって，プロセス S はプロセス V が対象のメインメモリにアクセスしたかどうかがわかる。図 7.6 に示す例では，読出し時間の違いにより，プロセス V（AES 暗号）が 0 番メモリと 3 番メモリの S–box にアクセスしたことがわかる。

Flush + Reload 攻撃は，主に S と V が同じ暗号ライブラリをメインメモリ領域で共用しているような場合を想定している。スパイプロセスが，カーネルあるいは仮想マシンを横断するような攻撃シナリオが考えられる。

7.3.3 AES 暗号への鍵復元攻撃

Prime + Probe 攻撃および Flush + Reload 攻撃のどちらにおいても，攻撃者がスパイプロセス S を利用して，犠牲となるプロセス V があるメモリ領域のデータにアクセスしたかどうかを知るという基本原理は同じである。犠牲となるプロセス V が AES 暗号化アルゴリズムである場合には，攻撃者は S–box テーブルの参照データにアクセスしたかどうかを知ることができる。つまり，S–box の入力値に関する情報を得ることができる。また攻撃者は，テーブル参照のインデックスである S–box の入力値を，公開情報である平文と予測鍵から導出できるため，予測鍵の選別を行うことができ，鍵空間のサイズを縮小することができる。

実際の攻撃では，プロセス V により得られる S–box の入力に関する情報には，測定ノイズによる誤りが含まれることが多い。ノイズの影響を考慮すると，鍵導出に必要となる実験データは，ノイズを想定しない理論値よりも多くなる。しかし，別の CPU コアから監視ができるという点において，現実的でかつ強力な攻撃法といえる。

演習問題 37.　Prime + Probe 攻撃と Flush + Reload 攻撃の本質的な違いを説明せよ。 (問終)

7.3.4　投機的実行とキャッシュ攻撃

2018 年代前半，安全性業界においての一つの大きな話題は，CPU の脆弱性の **Spectre**（スペクタ）/**Meltdown**（メルトダウン）である[5),6)]。Spectre と Meltdown は CPU の分岐予測とアウトオブオーダー実行を原因とするアーキテクチャの脆弱性である。分岐予測とアウトオブオーダー実行は，CPU 性能向上のための投機的実行に関連している点で同じである。投機的実行とは，今後の計算に必要となるかもしれない仕事を前もって準備しておくことで，CPU の性能向上を狙う技術である。

分岐予測とは，if 文，switch 文，および case 文といったプログラムの条件分岐命令において，実際の分岐結果が得られる前に分岐結果を予測し，分岐した後の計算を投機的に実行するものである。分岐予測が実際の分岐結果と合う場合には，プログラム処理の高速化が得られる。これが，投機に対する利得である。分岐予測は分岐において投機的実行のための手段である。

アウトオブオーダー実行とは，プログラムで明示された順番とは異なる順で命令を実行することである。例えば，プログラムの順が後の命令を前倒して実行するなどである。アウトオブオーダー実行によって，計算資源を無駄なく使うことができる。

今回明らかとなった脆弱性は，分岐予測とアウトオブオーダー実行において，通常アクセスできない秘密情報がなんらかの形でキャッシュに残り，攻撃者が読み出せることにある。

演習問題 38.　キャッシュ攻撃が可能となるような，分岐予測やアウトオブオーダー実行を含む簡単なプログラムを示せ。 (問終)

引用・参考文献

1) G. Irazoqui, M.S. Inci, T. Eisenbarth and B. Sunar：“Wait a minute! A fast, Cross–VM attack on AES,” in RAID 2014, pp.299–319 (2014)

2) G. Irazoqui, T. Eisenbarth and B. Sunar：“S$A: A Shared Cache Attack that Works Across Cores and Defies VM Sandboxing–and its Application to AES,” in SP 2015, pp.591–604 (2015)

3) D.A. Osvik, A. Shamir and E. Tromer：“Cache Attacks and Countermeasures: The Case of AES,” in CT–RSA 2003, pp.1–20 (2006)

4) Y. Yarom and K. Falkner：“FLUSH+RELOAD: a high resolution, low noise, L3 cache side-channel attack,” in USENIX 2014, pp.719–732 (2014)

5) P. Kocher, D. Genkin, D. Gruss, W. Haas, M. Hamburg, M. Lipp, S. Mangard, T. Prescher, M. Schwarz and Y. Yarom：“Spectre attacks: Exploiting speculative execution,” arXiv preprint arXiv:1801.01203

6) M. Lipp, M. Schwarz, D. Gruss, T. Prescher, W. Haas, S. Mangard, P. Kocher, D. Genkin, Y. Yarom and M. Hamburg：“Meltdown,” arXiv preprint arXiv:1801.01207

演習問題の解答

2 章

演習問題 1.

1.　$\texttt{2b} = X^5 + X^3 + X + 1$
2.　$\texttt{7e} = X^6 + X^5 + X^4 + X^3 + X^2 + X$
3.　$\texttt{ab} = X^7 + X^5 + X^3 + X + 1$

演習問題 2.

1.　$X + 1 = \texttt{03}$
2.　$X^6 + X^4 + X^2 = \texttt{54}$
3.　$X^7 + X^6 + X^5 + X^4 + X^3 + X^2 + X + 1 = \texttt{ff}$

演習問題 3.

1.　$\texttt{10} + \texttt{01} = \texttt{11}$
2.　$\texttt{03} + \texttt{05} = \texttt{06}$
3.　$\texttt{ab} + \texttt{87} = \texttt{2c}$

演習問題 4.

1.　$\texttt{80} \times \texttt{01} = \texttt{80}$
2.　$\texttt{03} \times \texttt{05} = \texttt{0f}$
3.　$\texttt{ab} \times \texttt{02} = \texttt{4d}$

演習問題 5.　$a \in \mathrm{GF}(2^8)$ に対して，$a \times \texttt{03} = a + a \times \texttt{02}$ である。そのため，式 (2.9) で得た行列に対し，単位行列を足せばよい。よって，つぎのようになる。

$$\begin{bmatrix} b_7 \\ b_6 \\ b_5 \\ b_4 \\ b_3 \\ b_2 \\ b_1 \\ b_0 \end{bmatrix} = \begin{bmatrix} 1 & 1 & 0 & 0 & 0 & 0 & 0 & 0 \\ 0 & 1 & 1 & 0 & 0 & 0 & 0 & 0 \\ 0 & 0 & 1 & 1 & 0 & 0 & 0 & 0 \\ 1 & 0 & 0 & 1 & 1 & 0 & 0 & 0 \\ 1 & 0 & 0 & 0 & 1 & 1 & 0 & 0 \\ 0 & 0 & 0 & 0 & 0 & 1 & 1 & 0 \\ 1 & 0 & 0 & 0 & 0 & 0 & 1 & 1 \\ 1 & 0 & 0 & 0 & 0 & 0 & 0 & 1 \end{bmatrix} \begin{bmatrix} a_7 \\ a_6 \\ a_5 \\ a_4 \\ a_3 \\ a_2 \\ a_1 \\ a_0 \end{bmatrix}.$$

演習問題 6.　$a'(a')^{-1}$ を計算するとつぎのようになる。

$$a'(a'^{-1}) = (a_1W + a_0)(a_1W + (a_1 \oplus a_0))$$

$$= a_1W^2 + a_1W + (a_0 \wedge a_1 \oplus a_0)$$
$$= a_1(W+1) + a_1W + (a_0 \wedge a_1 \oplus a_0)$$
$$= a_0 \wedge a_1 \oplus a_0 \oplus a_1 \tag{1}$$

$a' \neq 0$ ならば，$a_0 \vee a_1 = 1$ である。よって，式 (1) の右辺は $a_0 \wedge a_1 + a_0 + a_1 = 1$ となる。よって，$a' \neq 0$ のとき $a'(a')^{-1} = 1$ となる。

演習問題 7.　$a''(a'')^{-1}$ を計算するとつぎのようになる。

$$\begin{aligned}
a''(a'')^{-1} &= \{a_1'Z + a_0'\}\{a_1'\theta^{-1}Z + (a_1' + a_0')\theta^{-1}\} \\
&= (a_1')^2\theta^{-1}Z^2 + (a_1')^2\theta^{-1}Z + a_0'(a_1' + a_0')\theta^{-1} \\
&= ((a_1')^2\theta^{-1})(Z+W) + (a_1')^2\theta^{-1}Z + a_0'(a_1' + a_0')\theta^{-1} \\
&\qquad\qquad (\because \quad Z^2 = Z + W) \\
&= \{(a_1')^2W + a_0'(a_1' + a_0')\}\theta^{-1} \\
&= 1. \qquad (\because \quad \theta = (a_1')^2W + a_0'(a_1' + a_0'))
\end{aligned}$$

演習問題 8.　$a'(a')^{-1}$ を計算するとつぎのようになる。

$$\begin{aligned}
a'(a')^{-1} &= (a_1W^2 + a_0W) \times (a_0W^2 + a_1W) \\
&= (a_1 \wedge a_0)W^4 + (a_1 \oplus a_0)W^3 + (a_1 \wedge a_0)W \\
&= (a_1 \wedge a_0)W + (a_1 \oplus a_0)(W^2 + W) + (a_1 \wedge a_0)W \\
&= (a_1 \wedge a_0 \oplus a_1 \wedge a_0)(W^2 + W) \\
&= W^2 + W \qquad (\because \quad a_1 \vee a_0 = 1) \\
&= 1
\end{aligned}$$

演習問題 9.

$$\begin{aligned}
a''(a'')^{-1} &= (a_1Z^4 + a_0Z)(\zeta^{-1}a_0Z^4 + \zeta^{-1}a_1Z) \\
&= \frac{a_1a_0Z^8 + (a_0^2 + a_1^2)Z^5 + a_1a_0Z^2}{\zeta} \\
&= \frac{\{a_1a_0 + (a_0^2 + a_1^2)W\}Z^4 + \{a_1a_0 + (a_0^2 + a_1^2)W\}Z}{\zeta} \\
&= Z^4 + Z \qquad (\because \quad \zeta = a_1a_0 + (a_0^2 + a_1^2)W) \\
&= 1
\end{aligned}$$

3 章

演習問題 10.　$2^k - 1$

演習問題 11.　2 入力 XOR ゲートの場合は，最短で 16τ となる。ただし，FA 単位で計算せずに XOR の接続を変更することで 15τ まで短縮できる。3 入力 XOR ゲートが使える場合は，11τ となる。

演習問題 12.　8

演習問題 13.　アルゴリズム 5 のステップ 3 における S の上限値について考えると，$S = \left(T + (n'T \bmod R)n\right)/R < (n^2 + Rn)/R < 2n$ となることから，$S < n$ がいえない。このため，減算処理が必要となる。一方，$0 \leqq X, Y < 2n$，$R > 4n$ の場合，アルゴリズム 5 のステップ 3 は，$S = \left(T + (n'T \bmod R)n\right)/R < (4n^2 + Rn)/R < 2n$ となり，結果がモンゴメリー剰余乗算の入力の範囲（$< 2n$）となるため，減算処理は不要となる。ただし，n を法とする結果が必要な場合には，減算処理が必要となる。

演習問題 14.　X をモンゴメリーの剰余乗算器を用いてモンゴメリー形式 $\widehat{X}$ に変換する場合，R^2 を用いて $XR^2R^{-1} \equiv XR \equiv \widehat{X}$ のように変換することができる。元の形式に戻す場合には，$\widehat{X}$ と 1 をモンゴメリー形式の剰余乗算器の入力として $\widehat{X}(1)R^{-1} \equiv XR(1)R^{-1} \equiv X$ とすればよい。

演習問題 15.　$i = 0$ のとき $q = 1$，$T = (01101)_2$，$i = 1$ のとき $q = 1$，$T = (01110)_2$，$i = 2$ のとき $q = 1$，$T = (10100)_2$，$i = 3$ のとき $q = 1$，$T = (10111)_2$ となり，$T \geqq n$ であるため，最後の減算処理を行い $XYR^{-1} \bmod n = 8$ が得られる。

演習問題 16.　**解表 3.1** 参照。

解表 3.1

右向き	i	−	5	4	3	2	1	0
	d_i	−	1	1	1	1	0	1
	T	1	c	c^3	c^7	c^{15}	c^{30}	c^{61}
左向き	i	−	0	1	2	3	4	5
	d_i	−	1	0	1	1	1	1
	S	1	c	c	c^5	c^{13}	c^{29}	c^{61}
	T	c	c^2	c^4	c^8	c^{16}	c^{32}	c^{64}

演習問題 17.　ステップ 3 の結果をステップ 5 の計算で使用，ステップ 5 の結果をステップ 3 の計算で使うという Read After Write（RAW）依存性が存在するため。

演習問題 18.　S, T の初期値は $T \equiv cS$ となる。ステップ 4 で $S \equiv cS^2$，$T \equiv c^2S^2$，ステップ 6 で $T \equiv cS^2$，$S \equiv S^2$ となるため，d_0 の値にかかわらず $T \equiv cS$ の関係は保たれる。

演習問題 19.　$i = t - 1$ のとき，$S = c^{d_{t-1}}$ となることは明らか。$i = k$（$t - 1 \geqq k > 1$）で $S = c^{(d_{t-1}\cdots d_{k+1}d_k)_2}$ であるとする。このとき，$i = k - 1$ において $d_{k-1} = 1$ であれば，$S \equiv ST \equiv cS^2 \equiv c^{(d_{t-1}\cdots d_k 1)_2}$，$d_{k+1} = 0$ であれば，

解表 3.2

i	$-$	5	4	3	2	1	0
d_i	$-$	1	1	1	1	0	1
S	1	c	c^3	c^7	c^{15}	c^{30}	c^{61}
T	c	c^2	c^4	c^8	c^{16}	c^{31}	c^{62}

$S \equiv S^2 \equiv c^{(d_{t-1} \cdots d_k 0)_2}$ となり，$S = c^{(d_{t-1} \cdots d_k d_{k-1})_2}$ となる。**解表 3.2** 参照。

演習問題 20.　（省略）

演習問題 21.　2 048 ビットの場合 $k = 6$，4 096 ビットの場合 $k = 7$ で最小となる。

演習問題 22.　アファイン座標系から射影座標系への変換には，剰余乗算が 2 回必要である。一方，射影座標系からアファイン座標系への変換は，Z の乗法逆元を求めた後に剰余乗算を 2 回実行する必要がある。

5 章

演習問題 23.

1.　$\mathrm{HW}[(01111000)_2] = 4$

2.　$\mathrm{HW}[\mathsf{2b}] = 4$

演習問題 24.

1.　$\mathrm{HD}[(01111000)_2, (01101001)_2] = \mathrm{HW}[(00010001)_2] = 2$

2.　$\mathrm{HD}[\mathsf{2b}, \mathsf{7e}] = \mathrm{HW}[\mathsf{55}] = 4$

演習問題 25.

$$
\begin{aligned}
\mathbb{V}[X] &= \frac{1}{N}\sum_{i=1}^{N}(x_i - \mathbb{E}[X])^2 \\
&= \frac{1}{N}\sum_{i=1}^{N}(x_i^2 - 2x_i\mathbb{E}[X] + \mathbb{E}[X]^2) \\
&= \frac{1}{N}\sum_{i=1}^{N}x_i^2 - 2\mathbb{E}[X]\frac{1}{N}\sum_{i=1}^{N}x_i + \mathbb{E}[X]^2 \\
&= \mathbb{E}[X^2] - 2\mathbb{E}[X]^2 + \mathbb{E}[X]^2 \\
&= \mathbb{E}[X^2] - \mathbb{E}[X]^2
\end{aligned}
$$

演習問題 26.

$$
\begin{aligned}
\mathbb{C}[X, Y] &= \mathbb{E}[(X - \mathbb{E}[X]) \cdot (Y - \mathbb{E}[Y])] \\
&= \mathbb{E}[XY - \mathbb{E}[X] \cdot Y - X \cdot \mathbb{E}[Y] + \mathbb{E}[X] \cdot \mathbb{E}[Y]] \\
&= \mathbb{E}[XY] - \mathbb{E}[X] \cdot \mathbb{E}[Y] - \mathbb{E}[X] \cdot \mathbb{E}[Y] + \mathbb{E}[X] \cdot \mathbb{E}[Y]
\end{aligned}
$$

$$= \mathbb{E}[XY] - \mathbb{E}[X] \cdot \mathbb{E}[Y]$$

演習問題 27.

$$\begin{aligned} \mathbb{C}[X', Y'] &= \mathbb{E}[X'Y'] - \mathbb{E}[X'] \cdot \mathbb{E}[Y'] \\ &= \mathbb{E}[X'Y'] \qquad (\because \quad \mathbb{E}[X'] = \mathbb{E}[Y'] = 0) \\ &= \mathbb{E}[(X - \mu_X) \cdot (Y - \mu_Y)] \\ &= \mathbb{C}[X, Y] \end{aligned}$$

演習問題 28.

$$\begin{aligned} \mathbb{C}[X'', Y''] &= \mathbb{C}\left[\frac{X'}{\sigma_X}, \frac{X'}{\sigma_Y}\right] \\ &= \frac{\mathbb{C}[X', Y']}{\sigma_X \cdot \sigma_Y} \\ &= \frac{\mathbb{C}[X', Y']}{\sqrt{\mathbb{V}[X] \cdot \mathbb{V}[Y]}} \\ &= \frac{\mathbb{C}[X, Y]}{\sqrt{\mathbb{V}[X] \cdot \mathbb{V}[Y]}} \qquad (\because \quad \mathbb{C}[X', Y'] = \mathbb{C}[X, Y]) \end{aligned}$$

右辺は相関係数の定義に一致するから，$\mathbb{C}[X'', Y''] = \mathbb{R}[X, Y]$ である。

6 章

演習問題 29.　セーフエラー攻撃が成功するためには，ステップ 6 の $D \leftarrow ST \bmod n$ のみにセットアップタイミング違反を起こす必要がある。例えば，ステップ 6 の $T \leftarrow T^2 \bmod n$ にもセットアップタイミング違反が生じる場合には，セーフエラー攻撃は無効となる。

演習問題 30.　攻撃の対象となる鍵は 2^8 個である。攻撃により候補鍵数の期待値は約 2.2 個となる。

演習問題 31.　ΔC のアクティブバイト（4 バイト）の位置が同じとなる (C, C') が 2 ペアあれば，高い確率で対応する 4 バイトの鍵を特定することができる。

演習問題 32.　演習問題 31 がヒントとなる。8 ラウンド DFA 攻撃は，9 ラウンド DFA 攻撃を 4 並列で実行した場合と考えることができる。

7 章

演習問題 33.　キャッシュを使用しない場合は，参照テーブルのアクセスに $160 \times 100 = 16\,000$ サイクルがかかる。一方，キャッシュを使用する場合は，$160 \times 0.7 \times 5 + 160 \times 0.3 \times 100 = 5\,360$ サイクルとなる。キャッシュを使用することで，参照テーブルのアクセスに必要なサイクル数は 5 360/16 000 = 33.5% に削減できることがわかる。

演習問題 34.

(1) **ダイレクトマップ**（direct map）**方式**は，メインメモリ領域のアドレスから，キャッシュ内の格納場所を一意に定める方式である。格納場所は**セット**，セット数は**連想度**（associativity）と呼ばれる。ダイレクトマップ方式の連想度は 1 である。読出し時の探索は容易であるが，キャッシュヒット率は他の方式よりも低くなる。

(2) **フルアソシエイティブ**（full associative）**方式**は，メインメモリ領域のアドレスとは無関係にキャッシュ内のあいている領域にデータを格納する方式。キャッシュヒット率は高くなるが，読出し時にすべてのキャッシュラインを探索する必要があるため回路が複雑となる。

(3) **セットアソシエイティブ**（set associative）**方式**は，ダイレクトマッピング方式とフルアソシエイティブ方式の長所を生かした方式である。メインメモリ領域のアドレスを，キャッシュ内のいくつかの格納場所と対応させるため，ダイレクトマッピング方式のような探索の容易さと，フルアソシエイティブ方式のようなキャッシュヒット率のトレードオフが模索できる。連想度を上げるほど，フルアソシエイティブ方式に近づく。連想度が n のときのセットアソシエイティブ方式は，**n–way セットアソシエイティブ方式**と呼ばれる。

演習問題 35. 7.3.1 項では，テーブルの各要素がキャッシュラインと同じサイズであると仮定した。ゆえに，AES の最初のラウンドにおける S–box 参照テーブルへのアクセスがキャッシュヒットとなれば，このときの S–box の入力値を推測することができる。例えば，2 回目の S–box 参照テーブルへのアクセス時のキャッシュヒットにより，1 回目と 2 回目の S–box の入力値が同値であることがわかる。S–box の入力値が同値となることをここでは**衝突**（collision）と呼ぶ。3 回目の S–box 参照テーブルへのアクセス時のキャッシュヒットにより，3 回目の S–box の入力値が，1 回目あるいは 2 回目の S–box の入力値と衝突したことがわかる。このようにして，n 回目の S–box 参照テーブルへのアクセス時のキャッシュヒットにより，それまでの $n-1$ 回の S–box の入力値のいずれかと衝突したことがわかる。

このことから考えると，以下のように適応的に選択した平文（adaptively chosen plaintext）を用いることで，二つの鍵バイトの XOR 値を得ることができる。まず，平文の 2 バイト目のみを全数探索することで，$k_1 \oplus k_2$ の値を決定できる。つぎに，平文の 1 バイト目と 2 バイト目に対応する S–box の入力が衝突するような値を設定し，3 バイト目を全数探索する。平文の他のバイトを固定すれば，$k_1 \oplus k_3$ の値を決定できる。以下，同様の処理を進めることで，すべての鍵バイト間の XOR 値を決定することができる。最終的に，鍵空間は 2^8 まで絞ることができる。

別の方法としては，多数のランダムな平文（random plaintext）を使う方法が考えられる。上述の手法ほど簡単ではないが，統計処理により鍵バイト間の XOR 値を導出することができる。

演習問題 36.　この場合，一つのキャッシュラインで 16 個の要素が格納できる。攻撃者は多くのキャッシュヒットを観測することができるが，キャッシュヒットにより得られる情報量は少なくなる。これは，二つの S–box の入力値が等しいと判断することができず，代わりに二つの S–box の入力値が 16 個の要素のどれか一つであることだけがわかるためである。より具体的には，二つの S–box の入力値に関する 4 ビット分の情報（例えば，上位 4 ビット）しか得ることができなくなる。このため，AES の第 1 ラウンドだけに注目すると，復元できる情報量が少なくなる。鍵の完全復元は，AES の第 2 ラウンド目の演算にも注目すればできる。具体的には，AES の第 1 と第 2 のラウンドすべての S–box 入力値 4 ビット分の情報をまず取得する。それらの情報を使って AES の第 1 ラウンド目の演算について方程式を立て，その方程式を解くことで鍵の完全復元ができる。

演習問題 37.　Prime + Probe 攻撃においては，攻撃者と被害者は同じキャッシュをシェアしている，暗号演算によってキャッシュ内のデータが書き換えられることが情報源となる。つまり，攻撃者はキャッシュ内に自分のデータを事前に用意して，書き換えられることによって暗号演算のメモリアクセス情報を取得する。Flush + Reload 攻撃においては，攻撃者と被害者は物理メモリを共有しており，暗号演算によって物理メモリのデータがキャッシュに格納することを情報源とする。つまり，攻撃者はキャッシュ内に暗号演算のデータを事前に排除して，再び格納されることによって暗号演算のメモリアクセス情報を取得する。

演習問題 38.　例として，CPU の分岐予測を利用した Specture 攻撃の擬似攻撃コードである。

```
if(x < array1_size){
    secret = array1[x];
    y = array2[secret * 256 + 1024];
}
```

攻撃者はまず `array1_size` より小さい `x` を繰り返して 1 行目の条件文に与える。その結果，CPU は `x` は `array1_size` より小さい値として推測する。その結果，分岐予測から 2 行目の `y = array2[array1[x] * 256 + 1024]` が投機的実行させる。その後，攻撃者は `array1_size` より大きい `x` を与えて，攻撃を実行する。本来は，1 行目の `if (x < array1_size)` の条件文によって，2 行目の `y = array2[array1[x] * 256]` は実行されない。しかし，投機的実行によって `y = array2[array1[x] * 256 + 1024]` は実行され，キャッシュに格納される。その後，条件文によってこの投機的実行は破棄されるが，破棄される前に攻撃者は `array2[array1[x] * 256 + 1024]` のデータをロードし，ロードにかかったクロック数から，キャッシュラインのヒット/ミスと `array1[x]` の値を推測する。この攻撃によって，本来読めないはずのメモリ領域の値を知ることができる。

索　　引

―― 著者略歴 ――

崎山　一男（さきやま　かずお）

1994年　大阪大学基礎工学部電気工学科卒業
1996年　大阪大学大学院修士課程修了（物理系電気工学分野）
1996年　株式会社日立製作所
2003年　カリフォルニア大学ロサンゼルス校 M.Sc.コース修了（EE 専攻）
2007年　ルーヴェン・カトリック大学 Ph.D.コース修了（ESAT/COSIC 専攻）
　　　　Ph.D.
2008年　ルーヴェン・カトリック大学ポスドク研究員
2008年　電気通信大学准教授
2013年　電気通信大学教授
　　　　現在に至る

菅原　健（すがわら　たけし）

2006年　東北大学工学部情報工学科卒業
2008年　東北大学大学院博士前期課程修了
　　　　（情報基礎科学専攻）
2010年　Cryptography Research Inc. インターン
2011年　東北大学大学院博士後期課程修了
　　　　（情報基礎科学専攻）
　　　　博士（情報科学）
2011年　三菱電機株式会社情報技術総合研究所
　　　　研究員，主席研究員
2017年　電気通信大学准教授
　　　　現在に至る

李　陽（り　やん）

2008年　ハルビン工程大学水声工程学部
　　　　電子情報工程学科卒業
2011年　電気通信大学大学院博士前期課程修了
　　　　（情報通信工学専攻）
2012年　電気通信大学大学院博士後期課程修了
　　　　（総合情報学専攻）
　　　　博士（工学）
2013年　電気通信大学産学官連携研究員
2013年　電気通信大学特任助教
2015年　南京航空航天大学准教授
2018年　電気通信大学准教授
　　　　現在に至る

暗号ハードウェアのセキュリティ

Cryptographic Hardware Security

© Kazuo Sakiyama, Takeshi Sugawara, Yang Li 2019

2019 年 6 月 13 日　初版第 1 刷発行　★

検印省略

著　者　崎　山　一　男
　　　　菅　原　　　健
　　　　李　　　　　陽
発行者　株式会社　コロナ社
　　　　代表者　牛来真也
印刷所　三美印刷株式会社
製本所　有限会社　愛千製本所

112–0011　東京都文京区千石 4–46–10
発行所　株式会社　**コロナ社**
CORONA PUBLISHING CO., LTD.
Tokyo Japan
振替 00140–8–14844・電話(03)3941–3131(代)
ホームページ　http://www.coronasha.co.jp

ISBN 978–4–339–02894–2　C3055　Printed in Japan　（金）

JCOPY　<出版者著作権管理機構 委託出版物>

本書の無断複製は著作権法上での例外を除き禁じられています。複製される場合は，そのつど事前に，出版者著作権管理機構（電話 03-5244-5088，FAX 03-5244-5089，e-mail: info@jcopy.or.jp）の許諾を得てください。

本書のコピー，スキャン，デジタル化等の無断複製･転載は著作権法上での例外を除き禁じられています。購入者以外の第三者による本書の電子データ化及び電子書籍化は，いかなる場合も認めていません。

落丁・乱丁はお取替えいたします。

メディア学大系

（各巻A5判）

■第一期 監　修　相川清明・飯田　仁
■第一期 編集委員　稲葉竹俊・榎本美香・太田高志・大山昌彦・近藤邦雄
榊　俊吾・進藤美希・寺澤卓也・三上浩司（五十音順）

配本順	書名	著者	頁	本体
1.（1回）	メディア学入門	飯田　仁・近藤邦雄・稲葉竹俊共著	204	2600円
2.（8回）	CGとゲームの技術	三上浩司・渡辺大地共著	208	2600円
3.（5回）	コンテンツクリエーション	近藤邦雄・三上浩司共著	200	2500円
4.（4回）	マルチモーダルインタラクション	榎本美香・飯田　仁・相川清明共著	254	3000円
5.（12回）	人とコンピュータの関わり	太田高志著	238	3000円
6.（7回）	教育メディア	稲葉竹俊・松永信介・飯沼瑞穂共著	192	2400円
7.（2回）	コミュニティメディア	進藤美希著	208	2400円
8.（6回）	ICTビジネス	榊　俊吾著	208	2600円
9.（9回）	ミュージックメディア	大山昌彦・伊藤謙一郎・吉岡英樹共著	240	3000円
10.（3回）	メディアICT	寺澤卓也・藤澤公也共著	232	2600円

■第二期 監　修　相川清明・近藤邦雄
■第二期 編集委員　柿本正憲・菊池　司・佐々木和郎（五十音順）

配本順	書名	著者	頁	本体
11.	CGによるシミュレーションと可視化	菊池　司・竹島由里子共著		
12.	CG数理の基礎	柿本正憲著		
13.（10回）	音声音響インタフェース実践	相川清明・大淵康成共著	224	2900円
14.	映像表現技法	佐々木・上林・羽田・森川共著		
15.（11回）	視聴覚メディア	近藤邦雄・相川清明・竹島由里子共著	224	2800円

■第三期 監　修　大淵康成・柿本正憲
■第三期 編集委員　榎本美香・大淵康成・藤澤公也・松永信介（五十音順）

配本順	書名	著者	頁	本体
16.	メディアのための数学	松永信介・相川清明・渡辺大地共著		
17.	メディアのための物理	大淵康成・柿本正憲・椿　郁子共著		
18.	メディアのためのアルゴリズム	藤澤公也・寺澤卓也・羽田久一共著		
19.	メディアのためのデータ解析	榎本美香・松永信介共著		

定価は本体価格+税です。
定価は変更されることがありますのでご了承下さい。

図書目録進呈◆

情報ネットワーク科学シリーズ

（各巻A5判）

コロナ社創立90周年記念出版　〔創立1927年〕

■電子情報通信学会 監修
■編集委員長　村田正幸
■編 集 委 員　会田雅樹・成瀬　誠・長谷川幹雄

本シリーズは，従来の情報ネットワーク分野における学術基盤では取り扱うことが困難な諸問題，すなわち，大量で多様な端末の収容，ネットワークの大規模化・多様化・複雑化・モバイル化・仮想化，省エネルギーに代表される環境調和性能を含めた物理世界とネットワーク世界の調和，安全性・信頼性の確保などの問題を克服し，今後の情報ネットワークのますますの発展を支えるための学術基盤としての「情報ネットワーク科学」の体系化を目指すものである．

シリーズ構成

配本順			頁	本 体
1.（1回）	情報ネットワーク科学入門	村田正幸・成瀬　誠 編著	230	3000円
2.（4回）	情報ネットワークの数理と最適化 —性能や信頼性を高めるためのデータ構造とアルゴリズム—	巳波弘佳・井上　武 共著	200	2600円
3.（2回）	情報ネットワークの分散制御と階層構造	会田雅樹 著	230	3000円
4.（5回）	ネットワーク・カオス —非線形ダイナミクス，複雑系と情報ネットワーク—	中尾裕也・長谷川幹雄・合原一幸 共著	262	3400円
5.（3回）	生命のしくみに学ぶ 情報ネットワーク設計・制御	若宮直紀・荒川伸一 共著	166	2200円

定価は本体価格+税です。
定価は変更されることがありますのでご了承下さい。

図書目録進呈◆

コンピュータサイエンス教科書シリーズ

（各巻A5判）

■編集委員長　曽和将容
■編 集 委 員　岩田　彰・富田悦次

配本順		書名	著者	頁	本体
1.	（8回）	情報リテラシー	立花康夫・曽和将容・春日秀雄共著	234	2800円
2.	（15回）	データ構造とアルゴリズム	伊藤大雄著	228	2800円
4.	（7回）	プログラミング言語論	大山口通夫・五味弘共著	238	2900円
5.	（14回）	論理回路	曽和将容・範公可共著	174	2500円
6.	（1回）	コンピュータアーキテクチャ	曽和将容著	232	2800円
7.	（9回）	オペレーティングシステム	大澤範高著	240	2900円
8.	（3回）	コンパイラ	中田育男監修・中井央著	206	2500円
10.	（13回）	インターネット	加藤聰彦著	240	3000円
11.	（4回）	ディジタル通信	岩波保則著	232	2800円
12.	（16回）	人工知能原理	加納政芳・山田雅之・遠藤守共著	232	2900円
13.	（10回）	ディジタルシグナルプロセッシング	岩田彰編著	190	2500円
15.	（2回）	離散数学 —CD-ROM付—	牛島和夫編著・相利民・朝廣雄一共著	224	3000円
16.	（5回）	計算論	小林孝次郎著	214	2600円
18.	（11回）	数理論理学	古川康一・向井国昭共著	234	2800円
19.	（6回）	数理計画法	加藤直樹著	232	2800円
20.	（12回）	数値計算	加古孝著	188	2400円

以下続刊

3. 形式言語とオートマトン　町田元著
9. ヒューマンコンピュータインタラクション　田野俊一・高野健太郎共著
14. 情報代数と符号理論　山口和彦著
17. 確率論と情報理論　川端勉著

定価は本体価格+税です。
定価は変更されることがありますのでご了承下さい。

図書目録進呈◆